# 怪诞心理学

桑楚 主编

中国华侨出版社

·北京·

为什么有些事情看似合理实则不合理，看似理性实则不理性？为什么有些事情表面看平淡无奇，实际却充满了玄妙？为什么有些人能从一个人的笔迹中看出他的品性？为什么我们会在超市里疯抢自己不需要的东西？你以为商品物美价廉就一定会占到便宜吗？注意观察生活的人，一定会发现生活中存在许许多多不可思议的现象：有些是我们司空见惯却无法合理解释的；有些是我们认为理所应当，但深究起来却又觉得有奇异之处的；还有一些则是从发生伊始就让我们充满疑惑的……

在日常生活中，还有更多匪夷所思的事情发生，只是我们都缺乏探测和发现的雷达，以至于忽略了自身和生活的许多有趣之处。我们的生活似乎处处充满谜团，而我们的一生似乎也总是伴随着这些光怪陆离的怪诞现象。其实，那些不可思议的行为、人们无法解释的现象、人生中的各种问题，都与心理学有着千丝万缕的联系。不论是日常交往，还是求职社交；不论是婚恋教子，还是职场谈判，都深深地受到心理学的影响。正如冯特所说："一块石头，一棵植物，一种声音，一束光线，就观念而论，都是心理学的对象。"

为什么人多不一定力量就大？为什么别人的选择会影响我们的偏好？为什么商品卖得越贵越有人买？……其实，这些行为的背后隐藏着让我们大吃一惊的真相。为了让人们更好地了解这些怪诞现象背后隐藏的心理秘密，了解人是如何思考、如何表达、如何行动、如何感受的，从而对人性有更深刻的洞察，更加清楚地认识自我，发现潜藏在内心深处的自己，发现自身某些不理性、不正确的行为，且学会自我调节、改正，塑造积极形象，避免不当的行为引起他人的反感和误解，从而让自己更受欢迎，让人生更加顺利，我们编写了这本《怪诞心理学》。

本书通过大量案例、现场实验解读了日常生活中存在的种种怪诞现象背后的心理秘密，剖析了那些不易察觉的非理性行为，诠释了生活的本质与真相，并为读者提供了相应的应对措施，从而帮助读者更好地了解自己、读懂他人、透视社会，做到"见怪不怪""以怪制怪"，化生活的"非常态"为"常态"，更好地驾驭学习、工作、生活。借助本书你将会发现：只有了解人类的天性，才能够用更合理的方式对待别人；懂得合理对待别人的人，才能取得更大的成功。通过阅读本书，你能够挖掘出那些我们不易察觉的怪诞心理背后所隐藏的秘密，从而更好地掌控自己的人生。

# 目 录

## 第一篇　揭秘日常生活的古怪之处

### 第一章　越是得不到，就越想得到

### 第二章　越拖延越焦虑，越焦虑越拖延

## 第三章　人越多反而效率越低

## 第四章　越便宜消费反而越多

## 第五章　生活越简单反而越快乐

## 第六章　相爱越容易相处越难

# 第二篇　透视人类行为的非理性心理

## 第一章　喜欢从巧合中寻找因果

## 第二章　爱跟别人对着干

## 第三章　追随情感，偏听偏信

## 第四章　高估未来的收益

## 第五章　过度执着和疯狂

## 第六章　情绪受颜色影响

## 第七章　不可避免的思路迷失

## 第三篇　发现身体里不知道的你

### 第一章　恐惧停不了

### 第二章　欲求无底线

# 第一篇 | 揭秘日常生活的古怪之处

第一章

# 越是得不到，就越想得到

## 为什么越得不到的东西，就越想得到

无法知晓的事物，比能接触到的事物更有诱惑力，也更能强化人们渴望接近和了解的诉求，这是人们的好奇心和逆反心理在作怪。

古希腊神话中的普罗米修斯盗天火给人间后，主神宙斯为惩罚人类，想出了一个办法：他命令以美貌著称的火神赫菲斯托斯用黏土做了一个美丽的少女，让神使赫耳墨斯赠给她能够迷惑人心的语言技能，再让爱情女神赋予她无限的魅力。她被取名为潘多拉，在古希腊语中，"潘"是"一切"的意思，"多拉"是"礼物"的意思，她是一个被赐予一切礼物的女人。

宙斯把潘多拉许配给普罗米修斯的弟弟耶比米修斯为妻，并给潘多拉一个密封的盒子，并叮嘱她绝对不能打开。

然后，潘多拉来到人间。起初她还能记着宙斯的告诫，不打开盒子，但过了一段时间之后，潘多拉越发地想要知道盒子里面究竟装的是什么？在强烈的好奇心驱使下，她终于忍不住打开了那个盒子。于是，藏在里面的一大群灾害立刻飞了出来。从此，各种疾病和灾难就悄然降临世间。

　　宙斯用潘多拉无法压抑的好奇心成功地借潘多拉之手惩罚了人类。这就是所谓的"潘多拉效应"，即指由于被禁止而激发起欲望，导致出现"小禁不为，愈禁愈为"的现象。通俗地说，就是对越是得不到的东西，就越想得到；越是不好接触的东西，就越觉得有诱惑力；越是不让知道的东西，就越想知道。

　　心理学家普遍认为，好奇心是求新求异的内部动因，它一方面来源于思维上的敏感，另一方面来源于对所从事事业的至爱和专注。而逆反心理是客观环境与主体需要不相符合时产生的一种心理活动。逆反心理具有强烈的情绪色彩。形成逆反心理的原因比较复杂，既有生理发展的内在因素，又有社会环境的外在因素。一般地说，产生逆反心理要具备强烈的好奇心、企图标新立异或有特异的生活经历等条件。

　　"潘多拉效应"在现实生活中是普遍存在的。例如，收音机里播放的评书节目，每次都在最扣人心弦的地方停下，留下悬念，以使听众在第二天继续收听。再如，电视连续剧往往在剧情的关键处突然插播广告，这种做法除了能提高广告的收视率，更能吊足观众的胃口。

　　知道了这点，我们就可以变得更"聪明"一些：如果有人故意吊我们的胃口，我们要保持冷静、不为所动，避免受"潘多拉效应"的影响。例如，捂紧钱包，不被商家的"饥饿营销法"蛊惑。但是，如果对方是善意的，故意卖关子是为了给你一个惊喜，那么，你就要积极"配合"，否则会很扫兴的。

其实，在日常生活和工作中，我们除了被动地受"潘多拉效应"的影响，还可以主动地运用"潘多拉效应"来达到自己的目的，或是避开"潘多拉效应"，以免出现事与愿违的结果。

日本小提琴教育家铃木曾经创造过一种名为"饥饿教育"的教学法。他禁止初次到自己这里学琴的儿童拉琴，只允许他们在旁边观看其他孩子演奏，把他们学琴的兴趣极力地调动起来后，铃木才允许他们拉一两次空弦。这种教学法使得孩子们学琴的热情高涨，努力程度大增，进步也就非常迅速。

"潘多拉效应"在我们的生活中普遍存在，了解其原理后，可以带给我们更多的启示。

## 你想得到的到底是什么

我们做任何事情都需要有一个动机，比如，吃饭可能是因为你有了饥饿感。我们真心想要做一件事情的时候，是不会没有任何理由的。

对于我们来说，购物行为是经常发生的。那么，我们是否有想过人们为什么会购买物品？通常来说，购物动机的类型一般有几种：

需要型。这是因需要产生的动机。人的需要有多个层次，可以从不同角度加以分类。

求实型。这类动机的特征是"实惠""实用"。在选购商品时，这类顾客会特别注重商品的质量、性能等实用价值，不过分强调商品的款式、造型、颜色等，几乎不考虑商品的品牌等非实用价值的因素。

社会型。这是由人们所处的社会条件、经济条件和文化条件等因素而产生的动机。顾客的民族、职业、文化程度、支付能力等，都会引起其不同的购买动机。

惠顾型。这是基于情感或经验产生的动机。顾客对特定的服装及服务产生特殊的信任和爱好，使他们重复地、习惯地消费。

求美型。这是以追求美感为出发点的购买动机。这类顾客在选购商品时，首先注重的是款式、造型、颜色和外观美。

求廉型。这是注重价格的购买动机。

求名型。这类动机的特征是以品牌为出发点。这样的顾客在购买时几乎不考虑商品的价格、质量和售后服务，只是想通过购买名牌商品来显示自己的身份、地位，从中获得一种心理上的满足。

人们做某件事情或采取某种行动的最基本的内在动机，归根结底就是满足其内心的某种满足感。如果他所从事的这件事情，或者他采取的这种行动，不能给行动主体带来一定的满足感、愉悦感，就会使其感到厌烦、无聊，甚至觉得受到束缚，或感到痛苦。试想，有谁面对自己从内心就感到讨厌的事情，依然会充满激情地去做呢？无法获得内心的满足，就无法激发自身的动机，不想去做，或者即使做也是在敷衍、应付，这样怎么可能做好？

有一个烟瘾很大的人，一直都想戒烟，但是不管使用什么方法，都不能起到很好的效果。总是过一段时间以后，他就不能够控制，又开始吸。很多时候，当再想吸烟时，他就会给自己找出若干的理由，说服自己没有必要这么折磨自己。结果戒烟戒了一年多，却没有一点效果。他的亲戚朋友对他也是苦口婆心地劝说，但最终还是无可奈何。

最后在一位心理学家的帮助下，这个人居然把烟给戒了。这位心理学家到底使用了什么方法呢？其实方法很简单，心理学家只给他看了两张照片，一张是不吸烟的健康人的肺，一张是因为吸烟而患有肺癌的人的肺。看着被厚厚的焦油覆盖和损坏的肺，有严重烟瘾的人被震撼了，他什么也没有说就离开了。从此以后，他再也没有吸过烟。吸烟这种不健康的行为，让他发自内心地感到厌恶，于是产生了强烈的戒烟动机。

因此，我们可以通过改变某种行为本身的意义，达到改变人们行为方式的目的。从理论上说，这是行得通的。当某种原本令人厌恶的行为，会给人带来某种满意的体验时，人们就会接受它；当某种原本会给人带来快感的行为，会对人造成某种伤害时，人们就会摒弃它。这就是内心满足感对人们的行为动机的激发作用。

所以对于我们很多人，尤其是从事销售行业的人来说，想要调动顾客购买的积极性，就要想方设法引起他内心的满足感，让他从购买你的商品中获得实惠，获得利益，获得好处，从而产生强烈的购买动机，掏钱购买你的产品。总之，销售工作不是销售人员的独角戏，你不仅要有工作热情，还要善于引导顾客，让顾客产生强烈的购买动机，让顾客主动购买。否则不管你的商品有多好，你要是硬塞给顾客，顾客无论如何是不会接受的。

## 占便宜心理和无功不受禄心理

打折促销之所以具有巨大的杀伤力，就在于它满足了消费者的"占便宜"心理。推销人群中也流传着这样一句话：顾客要的不是便宜，而是要感到占了便宜。顾客有了占便宜的感觉，就容易接受你推销的产品。

消费者在购物过程中，对所需商品有不同的要求，会出现不同的心理活动。用尽可能少的经济付出求得尽可能多的回报，这种消费心理活动支配着大多数人的购买行为。而顾客占便宜的心理也给了商家可乘之机。

怎么做才能让顾客觉得占了便宜呢？你可以去看看商场中最畅销的产品，它们通常不是知名度最高的名牌，也不是价格最低的商品，而是那些促销"周周变、天天有"的商品。促销的本质就是让顾客有一种占便宜的感觉。一旦某种以前很贵的商品开始促销，人们就觉得买了实惠。虽然每个顾客都有占便宜的心理，但是又都有一种"无功不受禄"的心理，所以精明的销售人员总是能利用人们的这两种心理，在未做生意或者生意刚刚开始的时候拉拢一下顾客，如送顾客一些精致的礼物，以此来提高双方合作的可能性。

贪便宜是人们常见的一种心理。例如，某某超市打折了，某某厂家促销了，某某商店甩卖了，人们只要一听到这样的消息，就会争先恐后地向这些地方聚集，以便买到便宜的东西。

物美价廉永远是大多数顾客追求的目标，很少听见有人说"我就是喜欢花多倍的钱买同样的东西"，人们总是希望用最少的钱买最好的东西。这就是人们占便宜心理的一种表现。

另外，销售人员在推销自己产品的时候，可以利用顾客占便宜的心理，使用价格的悬殊对比来促进销售。其实在很多世界顶尖的销售人员的成功法则中，利用价格的悬殊对比来俘获顾客的心是常用的一种方法。你可以先在顾客的心里设置一个较高的价位，或者在对方心里设置一个价格悬念，然后再以一个比原来低得多的价格做比较，让顾客通过比较，感觉有便宜可占，于是做出购买决定。利用价格悬殊来诱导顾客购买产品时，要掌握好分寸，避免方式过激给顾客被骗的感觉。同时，优惠政策是你抓住顾客心理的一种有效推销方式。大多数顾客只看你给出的优惠是多少，然后和你的竞争对手做比较，如果你没有让顾客觉得得到优惠，顾客可能就会离你而去。所以你不仅要保证商品的质量，还要注意满足顾客这种想要优惠的心理需求。有些顾客在面对打折产品时，会因为产品对自己来说可有可无而犹豫不决，但顾客的贪便宜心理会告诉自己：机不可失，失不再来，过了期限、商品恢复原价后就买不到了。从心理学上讲，顾客会在这种外界压力下产生强烈的心理不平衡，同样的产品，我现在买就能省好多钱，以后再买多不值啊。于是在这种焦虑下，顾客就会积极行动，强迫自己在规定的时间内完成购买任务。所以说，商家所规定的优惠时限会给顾客制造一定的购买压力。

但是，优惠不过是一种手段，说到底是用一些小利益换来回报，不然商场里也不可能经常有"买就送""大酬宾"等活动。

当然，在优惠的同时，你还要传达给顾客一种信息：优惠并不是天天有，你很走运。这样，顾客才会更满足，才会更愿意与你合作。

即使你推销的产品在某方面有些不足，你也可以通过某些优惠让他们满意而归。如果顾客对你的产品提出意见，你千万不要直接否定顾客，要正视产品的缺点，然后用产品的优点来弥补这个缺点，这样顾客就会觉得心理平衡，同时加快自己的购买速度。比如顾客说："你的产品质量不好。"作为销售人员的你可以这样告诉顾客："产品确实有点小问题，所以我们才优惠处理。不过虽然是有问题，但我们可以确保产品不会影响使用效果，而且以这个价格买这种产品很实惠。"这样一来，你的保证和产品的价格优势就会促使顾客产生购买欲望。

总之，利用人们占便宜的心理，从中可以获得许多商机。

## 巧用"从众心理"，扩大影响范围

如果你是一个善于观察自己的人，你会发现自己的内心深处常会有如下活动：无论做什么事情，只要有很多人支持你，你会有种安全感，进而大胆地去做；无论你说的观点正确与否，只要多数人同意你的观点，你便有胆量大声地说出来；无论你多么讨厌的人，如果周围的人都喜欢她，你也不会轻易地说出讨厌她的想法……告诉你，这种心理活动不仅你有，周围的人也都曾有过。

安阳在一个酒吧里做侍者。刚做侍者的时候，尽管他做得很用心，但是从没人给他小费。每次看到其他人获得小费时他都羡慕不已。他用尽自己的心思，想通过热情的问候、周到的服务赢得小费，但没成功。

几个月后，安阳发现并不是他的服务不好，并发现了一个获得小费的秘密，即在每次酒吧正式开门营业之前，他先主动地在自己的托盘中放上几张钞票，这会让后面进来的顾客认为该钱是前面客人留给他的，还能使其认为，给小费是酒吧中应有的行为，这时每个他招待的顾客都会在结账时向盘子中放一些小费。

《影响力》一书中曾介绍过销售顾问卡福特·罗伯特说过的一句话："由于只有 5% 的人是原创者，而其他 95% 的人都是模仿者，所以其他人的行为比人们提供的证据更具说服力。"的确如此，安阳能够有效地影响顾客，使其给自己小费，正是巧妙地利用了人们这种的从众心理。因为在特定的条件下，当受众没有足够或者准确的信息时，他们常常会通过模仿他人的行为来选择策略。因为这种模仿似的从众行为可以有效地避免风险以及意外，因此人们宁愿随大流。

中国有句俗话："一人胆小如鼠，二人气壮如牛，三人胆大包天。"这句话形象地说明了人们的从众心理。生活中的任何事情都是这样，不论好坏，只要有人敢做，其他人便会蜂拥而至。因为很多时候，当众人都参与到其中的时候，便会被少数人理解为是合情合理的行为，进而引发更多的人参与其中。譬如随意跨隔离护栏，随意横穿马路，随意践踏草坪，等等。

心理学家指出，当人们看到一种行为有很多人进行时，心理总会自觉或者不自觉地以多数人的意见为准则，并做出判断，进而采取与其相符的同一种行为。因为在多数情况下，众人都去做的事情往往是正确的，人们参与到这样的行为中可以使其获得更好的评价以及利益，甚至少走弯路、少犯错误，所以人们习惯性地受周围人做法的影响，也便不足为怪了。

木秀于林，风必摧之；独雁南飞，险必随之。与众不同是要承受很大心理压力的，人们正是畏惧这样的心理压力，所以，多数情况下会从众。而且，在特定的条件下，当受众没有足够或者准确的信息时，他们也常常会进行模仿他人的从众行为。追随者越强大，越容易对他人施加影响。当人们看到别人尤其是那些强大者，在某种场合做某件事情的时候，便会断定这样做是有道理的，进而跟随效仿，产生从众效应。因此，你可以利用他人"随大流"的心理，为自己造声势，让其心甘情愿地为你服务。

# 第二章

# 越拖延越焦虑，越焦虑越拖延

## 为什么每个人都身处拖延怪圈

很多人做事情性子比较慢，即使再急的事在他那里也得放缓，等他一点一滴地消化。许多拖延者发现，一项新的任务开始，他们想要努力去完成，但在这个过程中，总会被一连串的"意外事件"影响，致使工作的进度放缓。

对此，每个人都有自己不同的体验。或许，在不经意之间，你已经走进了拖延怪圈。

在一开始，拖延者往往信心满满。当刚刚接受一个任务时，你总觉得自己这一次一定会按时将它完成。只有当一段时间过去之后，你发现这次的任务并不比以前容易的时候，你就开始担忧了。

这时，你会想如果一开始就抓紧些就好了。可是你又想离最后期限还远着呢，所以你还是没努力去做事。

时间又过去了，你还是没有抓紧时间工作，一种不祥的预感取代了所有那些剩余的乐观情绪。想到自己可能永远也不可能完成任务，你的脑海中不禁闪出一系列的后果。

虽然你感到负疚、惭愧或者欺骗了别人，但你继续抱着还有时间完成任务的希望。虽然你脚下的地面正在崩裂，但是你还是试着保持乐观，盼望着"缓刑"的奇迹能够出现。

最后期限如此临近，或者你的偷懒让你如此痛苦，于是痛下决心一定要做些什么。虽然任务艰巨，但至少你已经在做了。

当那个任务最终无论是被放弃了还是被完成了，拖延者通常会因为如释重负和精疲力竭而近乎崩溃。这几乎变成了一次严峻的考验，虽然历经磨难，但是毕竟已经过去。你发誓，下一次你一定早一点开始，严格按照计划，把事情做得井井有条。然而，尽管他们诚心诚意痛下决心，大部分的拖延者都会重蹈覆辙，一次又一次地在这个怪圈中挣扎。

虽然，在我们通向成功的道路上存在许多阻碍我们前进的绊脚石，以致延迟了成功的时间，但是首先我们要抛弃自己的拖延习惯。

## 为什么多做计划能让我们少花时间

有些人把生活安排得有条不紊，无论工作、社交还是日常家庭生活都能兼顾到；相反，有些人却永远觉得时间不够用，每天在工作和烦琐的日常事务中忙得团团转，很少有休闲的时间。为什么会有这样的差别呢？很重要的一个原因就是前者懂得合理安排时间，做事有计划，而后者不知道如何安排工作，以致做事情时养成懒散拖沓的习惯，不知不觉中便浪费了很多时间。

美国的行为心理学家艾得·布利斯和他的几位同行做过如下经典实验：

他们将志愿者分为三组，进行不同方式的篮球投篮训练。第一组每天练习实际投篮，不加任何热身和准备，这样持续 20 天，最后把第一天和第二十天的成绩记录下来。第二组则在这 20 天内不做任何投篮练习，同样也是记录第一天和第二十天的成绩。第三组在记录下第一天的成绩后，每天花 20 分钟进行想象中的虚拟投篮，如果不中，他们便在想象中纠正出手方式。实验结果表明：第一组的进球数增加了 24%，第二组的成绩没有丝毫长进，第三组的进球数增加了 26%。

通常我们认为"只有不断练习实际投篮才能改善手感以增加投篮命中率"，而这个实验结果和我们通常的想法有些出入。行为心理学家给出的结论是：在做事前先进行"头脑热身"，计划好每一个细节，梳理思路，并把它们烂熟于心，这样在实际行动中就会得心应手。

通过这个实验，我们可以得出这样一个结论：在做一件事之前，用较多的时间去做计划，完成这件事所用的总时间就会减少。心理学上把这个结论叫作布利斯定理。

曾有一家研究机构对布里斯定理进行进一步的实验和研究，结果表明：制订计划将极大地提高目标实现的概率。善于事前做计划的人的成功概率是从来不做事前计划的人的 35 倍；在成功实现目标的人群中，事先制订计划的人数高达78%；能够坚持按计划行事的人实现目标的概率是84%；中途改变计划的人实现目标的概率为16%。

布利斯定理启示我们：计划是非常重要的。如果做事之前没有计划，行动起来就会变得盲目，甚至会出现一盘散沙的现象。只有在事前拟好了详细的行动计划，梳理做事的步骤，做起事来才会得心应手，才会有效率。懂得这个法则的人会更容易获得成功。

但是，生活中，很多人比较冲动，在确定一个目标后，急不可耐地动手干了起来，生怕晚点动手就错失了良机。这种积极性值得肯定，可这是不是有点冲动和盲目呢？如果因为一时性急而匆忙行动，行动过程中可能便要折腾很久，事后也可能因为草率而后悔。这些不仅会影响我们做事情的效率，也会影响我们做事的心情和生活的质量。所以说，要把一件事做好，不一定要立即着手，而是先要制订计划，做好充分准备，这样才能提高办事效率。

当然，也有人会说做事之前的再三思考，多少会耽误时间，甚至会错过时机。事实上，当我们真正认真去做计划的时候，这种事前的思考所花的时间，只占我们完成整件事情的时间的一小部分。而正是这一小部分的时间，将决定我们最终的成败。要知道，慎重做决定与做计划这两步是非常重要的，这两步没走好，后一步——具体行动就会变得盲目，甚至是徒劳无功。因此，我们应该坚持"三思而后行"的做事原则，这样才能避免陷入盲目，避免做无用功。

所以，如果生活中我们比较散漫，随心所欲，想到哪做哪，或者常常觉得时间不够用、力不从心，这时候，便要考虑给自己列一个计划清单。按计划来安排自己的生活，你会发现生活变得井然有序，心情也变得更加愉快了。

## 如何做到不再拖沓

我们在学习和生活中可能都有过这样的经历：说想要做某件事情，但过了好久发现始终没有行动起来，一直被自己的惰性缠绕。虽然知道那样不好，但又不知道从何处入手来改变。

你可以尝试以下方式：

用一天到两天时间给自己做一个行为记录，把你通常每天要做的事情记下来。这样即使你粗略地记，也会有几十件。然后把其中一些比如吃饭等必须完成的事情剔除。在此之后，你把剩余下来的事情按照你的兴趣排列，把你最不喜欢做的事情放在第一位，把你最喜欢做的事情放在最后一位。

最后，你就可以行动了。每天一早起来，从你最不喜欢的事情开始做起，并且坚持做完第一件事情，再做第二件事情，一直做到最后一件你喜欢的事情。在整个过程中，你开始会稍微觉得有些困难，但只要坚持下去，你就能顺利完成所有的工作。

这种方式起到了强化作用。一件困难的事情完成后，再着手比较困难的事情，那是一种对于前面行动的强化，然后继续这样的流程，强化的效果会越来越大，一直大到你觉得你有力量来完成任何事情。

这种工作方式来源于心理学家提出的一种改进方式——如果

把一件更难完成的事情放在比较容易完成的事情前面，更难完成的事情就可以成为比较容易完成的事情的强化刺激。换句话说，把不愿意干的任务或者工作难度比较大的任务放在喜欢完成的任务之前，会激发你的主动性。如果经常完成困难的、有挑战性的任务，那么工作能力就会增强；相反，工作能力就会下降。也就是说，把好玩的事情留在后面做，可以提高效率。

这种设定的优越性在于，它是设定任务而不是设定时间。比如，"我每天要完成 N 的学习量"，而不是"我每天要看 N 个小时的书"。当人按照时间计划来工作时，他所关心的是干了多长时间而不是干了多少工作，而当人完成按照任务数量计划的工作时，就能控制整个工作计划的进度。工作的进度决定了工作什么时候可以完成，执行者什么时候可以"休息"，这样，就能够有效地完成工作而不再受工作时间的限制。对于改变惰性生活方式，这种方式是十分好用的。

第三章

# 人越多反而效率越低

## 为什么人越多工作效率却越低

我们常说人多好办事，人多力量大，感觉人多是快速完成任务的有利条件。但是现实生活中并非如此，常常多人办事效率反而更低。为什么人越多工作效率却越低呢？有这样的一个案例：

1964 年，纽约发生一起谋杀案，一位酒吧的女经理在公园附近被杀害，而当时附近的住户中有 8 人看到女经理被杀的情形或听到她的呼救声，但是没有一个人挺身而出。事后，媒体纷纷谴责人们的冷漠。这种现象在心理学中叫作"旁观者效应"，即在紧急情况发生时，当有其他目击者在场，人们的责任感就会削弱，成为袖手旁观的看客。

在这种心理效应的影响下，随着目击者人数的增加，人们的责任心却是递减的。这样的心理往往会使人变得懒散和麻木，甚至当看到有人遇到危险，需要帮助的时候，因为有很多旁观者在身边，而产生"我不去救，让别人去救"的心理，最终谁都不愿伸出援助之手，造成见死不救的"集体冷漠"的局面。

在一个山头上有座小庙，里面住着一个小和尚。他每天念经、挑水、敲木鱼，给案桌上观音菩萨的净水瓶里添水，夜里防止老鼠来偷吃东西，生活过得非常自在。不久之后，来了一个年长一点的和尚。他一到庙里，就把半缸水喝光了。小和尚让年长和尚去挑水，但是年长和尚觉得自己一个人挑水有些吃亏，就要求小和尚和他一起去抬水。为了公平起见，水桶必须放在扁担的中央，这样两人才觉得心理平衡，这样总算还有水喝。

后来，又来了个胖和尚。他也想喝水，但缸里没水。小和尚和年长和尚叫他自己去挑，胖和尚挑来一担水，立刻独自喝光了。从此谁也不挑水，三个和尚就没水喝。大家各念各的经，各敲各的木鱼，观音菩萨面前的净水瓶也因为没人添水，花草渐渐枯萎了。夜里老鼠出来偷东西，他们三个都看到了，但是谁也不管。结果老鼠猖獗，打翻烛台，燃起大火。三个和尚这才一起奋力救火，大火扑灭了，他们也觉醒了。从此三个和尚齐心协力，自然也就有水喝了。

一个和尚挑水喝，两个和尚抬水喝，三个和尚没水喝。这个寓言告诉我们，人多反而办不成事。三个和尚为什么没水喝？因为三个和尚都不想出力，都想依赖别人，在取水的问题上互相推诿，结果谁也不去取水，以致大家都没水喝。

在群体中，人们普遍存在着一种"责任分散"心理，即随着责任人数量的增多，责任人的责任感就会相对降低，因为他们觉得，反正也不是自己一个人承担，自己完全没有必要干得那么起劲。于是在相互推诿之下，谁都不努力，结果严重影响了办事效率。甚至因为缺乏责任感，还可能导致悲惨事情的发生。

在具体的工作中，如果个体产生这种心理，则会使工作的效率下降。对于某一件事来说，如果是单独个体被要求独自完成，其责任感就会很强，因为一个人干活，干好干坏责任都要自己的承担，人们往往会竭尽全力；但如果要求一个群体共同完成任务，群体中的每个个体的责任感就会明显减弱，面对困难或者遇到责任往往就会退缩，而且还容易出现偷懒现象，总以为自己可以不出力或者少出力，而指望靠别人的努力得到好处。

在这样的心理影响下，人多效率高的规则会被改写，因为人越多，工作效率却不一定越高，这时候可能会出现"1+1<2"的结果。

因此，我们不能简单地根据人数的多少来计算效率。两个人挖一条水沟需要两天，四个人合作却不一定能够一天完成，可能是两天，也可能永远完成不了。这也告诉我们，在具体的实践中，要善于组织管理，对有关人员加以约束，将责任落到实处，这样就会减少群体中某些个体不负责任的行为，提高整体的工作效率，避免人多反而办不成事的现象。

## 为什么有时一个人的判断更准确

我们总会认为集体的智慧总会高于个人的智慧，因为我们从小就被灌输了人多力量大的观点，但看了前面几节，你是否已经开始怀疑这个观点呢？

在生活中，我们经常可以看到这样的现象：一个人的判断比多个人的判断更准确。人多力量大是事实，但人多智慧少，也是事实。这引人深思：我们为什么会比我傻？

有一家企业准备淘汰一批落后的设备。董事会说，这些设备还能利用，不能扔，得找个地方存放，于是专门为这批设备建造了一间仓库，还找了个人看管。之后，董事会发现，如果看门人没人管的话，就容易玩忽职守。于是又委派了四个人，成立了计划部和监督部，一个人负责下达任务，一个人负责制订计划，一个人负责绩效考核，一个人负责写总结。这样既起到了监督作用，又使董事会随时了解工作的绩效。一年之后，统筹结果出来了，去年仓库的管理成本一共为35万元，远远超过公司的预算。结果，一周之后，看门人被解雇了。

这个故事是一个典型的"苛希纳定律"现象的例子。所谓的"苛希纳定律"是指在管理中，并不是人多就好，有时管理人员越多，工作效率反而越低。只有管理人员人数合适，才能使管理达到最好的效果。这样的事例在日常生活中有很多。机构设置过多，分工过细，人员远远超过实际需要，不仅使企业难以发挥人多力量大的优势，还使得企业难以摆脱多头管理，陷入办事环节多、手续繁杂的困境，难以随市场需要随时调整经营计划和策略，从而失去竞争力。这也是我们常感慨的，为什么当"我们"的团体太过庞大的时候，发挥出的效用反而不如多个"我"的总和呢？

苛希纳定律虽是针对管理层人员而言的，但它同样适用于对公司一般人员的管理。在一个公司中，只有每个部门都真正达到了人员的最佳数量，才能最大限度地减少无用的工作时间，降低工作成本，从而取得利益的最大化。如果实际管理人员比最佳人数多两倍，工作时间就要多两倍，工作成本就多四倍；如果实际管理人员比最佳人数多三倍，工作时间就要多三倍，工作成本就多六倍。

　　作为全球最大零售企业之一沃尔玛公司的掌舵者山姆·沃尔顿有句名言："没有人希望裁掉自己的员工，但作为企业高层管理者却需要经常考虑这个问题。否则，就会影响企业的发展前景。"因此，为了避免"苛希纳定律"，沃尔顿想方设法用最少的人做最多的事，极力减少成本，追求效益最大化。

　　从经营自己的第一家零售店开始，沃尔顿就很注重控制公司的管理费用。在当时，大多数企业都会花费销售额的5%来维持企业的经营管理。但沃尔玛则力图做到用公司销售额的2%来维持公司经营！这种做法贯穿了沃尔玛发展的始终。在沃尔顿的带领下，沃尔玛的员工经常都是起早贪黑地干活，工作卖力尽责。结果，沃尔玛的员工比竞争对手少，但所做的事却比竞争对手多，企业的生产效率远远高于对手。这样，沃尔顿从只拥有一家零售店，发展到现在拥有的全球2000多家连锁店。公司大了，管理成本也提高了，但沃尔顿一直坚持用最少的人干最多的事，把管理成本维持在销售额的2%左右。事实上，"我们"并不比"我"傻，但当"我们"超过了合理界限，就会出现名为"集体负责"实则"无人负责"的现象。虽然群体集中起来的时候，做出正确决策的可能性越大，但问题是每个人在做判断的时候，是否能不受其他人的干扰与影响。因为大多数人都难以做到独立地表达自己的想法，所以，有时候群体的智慧并不是最优的。因此，我们必须克服人多不负责的现象，建立和完善各种科学而严格的责任制。当然，这并不是否认"人多力量大"的存在，不是主张一切工作都只能由一个人负责，也不是主张一切工作的责任人越少越好，而是要以实际情况为出发点，确定责任人的最佳人数。

## 太多的爱为什么让孩子难以承受

在现实生活中，许多孩子仅因为生活出现一些变故，或者自己在学校遇到不快，或郁郁寡欢，久而久之形成某种心理疾患或出现精神问题。更有甚者，一次小小的不满足，便造成他们对社会的仇恨，对生活的厌倦。

为何孩子的心灵如此脆弱？这必须反观一下我们的教育。

在我们众多的家庭里，父母在子女的心目中是什么呢？父母是上帝赐给孩子的神奇魔盒。孩子只要想要某物，父母都会想方设法地满足他们。尤其是那些经济条件好的父母千方百计满足孩子各种有理、无理的要求。在这样的家庭里，孩子容易变得自私、孤僻、心理承受能力差、自理能力差，喜欢以自我为中心。所以这样的孩子走出家门后，一旦遭受一点点伤害就会有过激反映，很容易导致精神崩溃，等待他的注定是步步危机，处处受阻。因为在他家以外的人不会以他为中心，学校不会以他为中心，这个社会更不会以他为中心。

除了过多的溺爱，父母也容易因爱子心切而给孩子施加过多压力或者"强迫"其做出有违本意的选择，总想以自己的能力来代替子女应有的努力，以自己的愿望来设计子女的未来，以自己苦苦赚来的财富来为子女开辟一条理想大道。殊不知，这种为孩子做主的做法，会让孩子承受更大的压力，让其很难体会学习和生活的乐趣，因为一切并非其自主选择，他们甚至要委屈自己的喜好，来成全父母的愿望。一旦压力太大，又找不到努力的动力和缓解的方式，他们便很容易出现抑郁症。

## 合则散的华盛顿合作定律

在力学上，牛顿定律指出，如果两个力的方向一致，合力就会大于这两个力，反之，合力就会大大削弱，甚至呈现出负力。当今社会，孤军作战是不可能成功的，有效的合作才能使每个人获得长足的发展。但合作的结果不一定是双赢，如果每个人都把力往一处使，最后就会出现人多力量大的结果，反之，如果互相推诿，敷衍了事，就会使力量分散，导致一事无成，甚至造成一些不必要的损失。人与人之间的合作与此很相像。

简单的人力相加，很容易就会产生组织的社会惰化作用。当群体一起完成一件工作时，群体中的成员每人所付出的努力，相比于个体在单独情况下完成任务时所付出的要明显减少。在组织中，社会惰化作用明显减弱了群体工作效率。1981年，威廉姆斯等社会心理学家在研究中发现，当人们知道他们的努力程度可以鉴别出来时，便不再发生这个效应。其实，当多个个体为一个共同的目标而合作时，形成社会惰化作用的主要原因有三个：一是从工作评价来看，个体工作业绩不记名，工作成效没记录；二是从社会认知来看，个体认为其他成员不努力，所以自己也不愿努力；三是从组织目标来看，组织目标不明确，工作动力不够。所以，要想合作产生最大的效果，使每一个人都得到回报，那么它就必须是在科学、合理、有序、目标一致而明确的基础上进行，否则一切都无从谈起。所以要想尽量避免华盛顿合作定律，增强合作效果，我们要尽量做到以下几点：

首先，明确成员分工。

在多个人共同完成工作任务的情况下，为了避免旁观者效应，必须做好职务设计，明确成员分工，落实成员责任。然后对每个成员的努力程度和工作业绩进行单独考核，并将考核结果公开，让大家知道所有成员的努力程度，知道谁在敷衍了事，谁在互相推诿，从而督促员工各司其职，防止团体中出现旁观者。

其次，采用激励机制。

科学的激励机制能够有效预防华盛顿合作定律。一般认为，科学的激励机制应当遵循以下原则。根据员工的合理需要激励，赏罚分明，赏罚公平，激励公开，物质激励和精神激励相结合，内在激励与外在激励相结合。

再次，实行目标管理。

要想最大限度地避免华盛顿合作定律，就得让主管人员和员工共同制定工作目标，在工作中实行"自我控制"。上下级要互相讨论协商，共同制定切实可行、易于考核且难度适当的工作目标，上级还要适当地授予下级相应的权力，以便完成目标，并及时检查每位员工工作的进展情况，并及时反馈检查结果。

最后，重视组织沟通。

在群体合作中，冲突是不可避免的。如果不能及时解决冲突，与员工之间的关系就会恶化，从而打击员工的工作热情，引起社会惰化作用。要解决群体合作中的冲突，就必须在合作过程中保持有效而简洁的沟通机制。通过沟通，组织成员能够彼此熟悉和了解，从而化解误解，避免矛盾。通过沟通，使得群体成员对组织的认同感得到提升，对工作的责任感得到增强，从而有效地规避推诿心理。通过沟通，能够减少组织内耗和社会惰化，避免出现华盛顿合作定律。

# 越便宜消费反而越多

## 为什么"免费"让我们买了不需要的东西

每当节假日时，我们都能看到商场里提着大包小包满载而归的人们。如果问起这些物品的实用价值，人们通常会说："反正很便宜，先买了再说。"事实上，人们所购买的这些物品有些并不是自己所需要的。但人们为什么常购买自己不需要的物品呢？看到各商家推出的广告，我们就明白了。"购买商品满98元，免费赠送食用油一瓶""满200元减50元，买300元减80元""购买巧克力满50元，赠送泰迪熊"……

试想，当看到这样的消息时，我们怎么会不心动呢？有的人甚至为了得到免费赠送的东西而购买指定的商品，可往往将商品买回来后却发现这些东西，其实自己并不需要。为什么会出现这样不理智的行为呢？

贪图便宜是人们常见的一种心理倾向。很多顾客对打折的商品、免费的商品可谓是趋之若鹜。

物美价廉永远是大多数消费者追求的目标，很少听见有人说"我就是喜欢花多倍的钱买同样的东西"。通常情况下，人们总是希望花最少的钱买最好、最多的东西，如果有免费赠送的，更觉得是额外的收获，喜不自胜。这都是人们占便宜心理的一种生动表现。

其实在日常生活中，我们也经常会做这样的事情：为了一张优惠券而到某商场去消费，结果换回一包免费的咖啡豆；为了获得免费赠送的小礼品，而在该商场消费千元以上。然而，最后我们却发现自己并不喜欢吃咖啡豆，小礼品也不是自己十分需要的。这样，我们就不难解释，为什么人们总是会不由自主地抢购自己并不需要的东西了。


## 为什么越"限购"越好卖

在逛商场时，我们常常看到商家打着"限购"旗号来宣传商品。其实，这是商家们运用消费者的逆反心理，而进行的营销手段。

每个人多多少少都会有逆反心理。在消费过程中，我们也经常能够发现这样的情形，销售人员越是苦口婆心地把某商品推荐给顾客，顾客就越会拒绝。因此，商家就巧妙地抓住顾客的消费心理：商家越是不卖，顾客就越想买；越是限购的商品，反而会卖得越好。

我们会有这样的体会，当我们对于某商品特别感兴趣的时候，想要摸摸质地，而这时销售人员过来说："不好意思，我们的样品是禁止触摸的！"这时我们的心里立刻会变得反感：为什么不能摸，我不仅要摸，我还要买呢！结果这个顾客很可能因对商品的强烈的好奇心受到了阻碍，而买下这个商品。

在这种情况下，当顾客的心理需要得不到满足的时候，反而会更加刺激他强烈的需要。比如，人们往往对于自己越是得不到的东西，越想得到；越是不能接触的东西，越想接触；越是不让知道的事情，越想知道。

在现实生活中，也有很多销售人员不懂得顾客的逆反心理，在销售过程中，总是片面地、滔滔不绝地介绍产品，而不顾顾客的感受，结果只能是一次又一次地遭受到顾客的拒绝。

华先生是当地的名流，但他的私家车已经用了很多年，最近频繁发生故障，于是决定换一辆新车。这一消息被一些汽车销售公司得知，于是很多的销售人员都来向他推销轿车。

每一个销售人员见到华先生，都无一例外地介绍自己公司的轿车性能多么好，多么适合他这样的人士使用，有的销售人员甚至还嘲笑说："你的那台老车已经破烂不堪，不能再使用了，否则有失你的身份。"华先生听到这样的话，心里特别反感和不悦。

销售人员的不断登门让华先生感到十分烦躁，同时也增加了他的防御心理，他想这些人的目的只是为了推销他们的汽车，还说些不堪入耳的话，完全不顾自己的感受，我就是不买。于是，任凭销售人员如何吹嘘，华先生就是不动声色。

当所有的销售人员都失败而归时，杨帅主动要求前去拜访华先生，经理尽管不相信他能成功，但还是让他去试试。两人一见面，华先生心里就打定主意，不管他怎么说就是不买他的车，坚决不上当。

可是，杨帅只是对华先生说："我看您的这部老车还不错，起码还能再用上一年半载的，现在就换未免有点可惜，我看还是过一阵子再说吧！"说完给华先生留了一张名片就告辞了。

杨帅的言行和华先生所想象的完全不同，因此其逆反心理也逐渐地消失了。经过思考，他还是觉得应该给自己换一辆新车。于是一周以后，华先生拨通了杨帅的电话，并向他订购了一辆新车。

由此可见，容易引起顾客逆反心理的原因是对立情绪。在实际销售中，很多销售人员往往为了尽快签单，而一味穷追猛打，以为通过热情轰炸就可以把顾客搞定，但是这样很有可能会起到相反的效果。这样的话，销售人员把自己的产品说得越好，顾客越觉得是假的；销售人员越是热情，顾客越是觉得他虚情假意，只是为了骗自己的钱而已。

逆反心理既会导致顾客拒绝购买你的产品，相反也会促使其主动购买你的产品。上述案例中的杨帅就是从相反的思维方式出发，消除顾客对销售人员的逆反心理，从而使他主动购买自己的产品。

因此，销售人员在向顾客推销产品的时候，一方面要避免引起顾客的逆反心理驱使其拒绝购买自己的产品；另一方面，还要学会刺激顾客的逆反心理，引发顾客的好奇心，让顾客产生强烈的购买欲望，你不卖他就会非要买，从而从正、反两方面来调动顾客的积极性，使自己的销售工作获得成功。

## 为什么说借势胜过明势

由于人们对推销员的认知度比较低，导致推销员在许多人眼中成为骗子和喋喋不休的纠缠者的代名词，从而对推销产生反感。这不仅给推销员的工作带来很大不利，而且也在潜移默化中让有些推销员自惭形秽，甚至不敢承认自己推销员的身份，让他们工作的开展更加艰难。如果在营销活动过程中，能换种思维也许会还给我们一个意外的收获。

现在，我们去邀几个朋友共同来参加一个有趣的小游戏。这个游戏非常简单，它能激发人们从多角度思考问题，让所有人参与到解决问题的过程中来，同时也考验了每个人借力解决问题的能力。

一、游戏说明

参与人数：不限。

时间：10分钟。

场地：不限。

材料：正方形木板，胶带，报纸，笔，气球若干。

二、游戏的步骤

游戏开始之前，用两段大约长30厘米的胶带在木板上贴一个"十"字；

把气球吹起来，在气球上面写"极其珍贵"等字样，或者在气球里放一些硬糖块，作为参与者取回气球的奖品，还能防止气球被风吹走；

把木板放在地上（贴胶带那面朝上），让所有学员都能看到；

让一名志愿者站在"十"字中间，给他一张报纸。把气球放在地上，距木板边缘 4 米远；

要求参与者在 3 分钟之内取回气球，但不能离开"十"字。其余学员只能观看，不能建议参与者该如何取回气球；

3 分钟之后，如果那个参与者还没完成任务，询问其他队员该如何取回气球。

三、游戏建议

做这个游戏的时候，需要注意的是要想把气球弄到手，可以把报纸卷成一个比较紧的纸筒，然后从一端慢慢拉出里面的报纸，使之加长，最后形成一个纸杆。从木板上撕下胶带，粘到纸杆的一端，让胶带的黏面露在外面，利用纸杆上的胶带把气球粘过来。建议主持者引导团队合作解决问题。

游戏做完了，想必大家心里也明白了，这个游戏传达的是一种借势思维。如果我们摆脱传统推销，借消费者自己来扩大产品的知名度，从而扩大公众影响力，促进销售行为的达成。

聪明的商人都懂得借势的道理，他们把这种借势思维用在营销上，取得了好成绩。

英国有一个妇女向法庭控告，说她丈夫迷恋足球已达到了无以复加、不能容忍的地步，严重影响了他们的夫妻关系，要求生产足球的厂商赔偿她精神损失 10 万英镑。本来这一指控毫无道理，可没想到她在法庭上竟然大获全胜。

原来，公关顾问向最初对这一指控置之不理的厂商建议：不妨利用这一离谱的案例大造声势，利用她的指控向人们证明该厂生产的足球的魅力之大。

果然，这一奇特的官司经传媒大肆渲染后，该厂名声大振，产品销量一下子翻了四倍。老板惊喜地对记者说："想不到我们仅花了 10 万英镑就做了一次绝妙的广告。"

如果我们仅仅从表面上看，足球厂不仅败诉，还又赔了钱，实际上足球厂利用这场官司为自己做了一次绝妙的广告。这一事件之后，足球厂名扬四方，其产品也供不应求。足球厂的老板是聪明的，他知道如何借势扬名，这种隐蔽的炒作方式更容易让消费者接受。


## 为什么说用户体验不是免费的午餐

李涵的丈夫在外地出差，这些天总是她一个人在家，冷冷清清的。又到周末了，她决定到街上逛逛，凑个热闹也好过一个人在家。于是，李涵决定去附近的一个商场看看。

由于是周末，商场里闲逛的人们多是一家三口或男女朋友，李涵看到此景更加想念远方的丈夫。她决定给丈夫打个电话问问他过得怎么样。当拿出手机拨打丈夫的电话时，她才发现自己的手机竟然欠费了。

无奈之下，她只有到商场的手机销售区去交话费。可是商场里没有交话费的地方，她很沮丧地站在一个手机柜台前。这时，销售员热心地询问怎么了？李涵就把自己遇到的麻烦诉说了。

这个销售员安慰着李涵说，没关系，而且我可以让你看到你丈夫。只见她从柜台内拿出一款全新的手机，迅速地装上一个手机卡，然后对李涵说："用这个手机打给你的丈夫吧。"

当李涵用这个新手机拨通丈夫的电话时，惊喜地从屏幕上看到了丈夫的面庞。原来这是一个功能齐全的视频手机。于是，李涵兴奋地和丈夫聊了好一会儿。挂掉电话后，李涵再也没有之前的沮丧，而是请销售员给自己拿出一个包装完好的同款手机，然后高兴地回家了。

这个销售员正是运用"用户体验"来让李涵感觉手机的视频功能，而对李涵来说，这款手机确实帮她解了相思之苦。

用户体验这个词最早被广泛认知是在 20 世纪 90 年代中期，由用户体验设计师唐纳德·诺曼所提出和推广。

通俗地说，用户体验即用户在使用一个产品或系统之前、使用期间和使用之后的全部感受，包括情感、喜好、认知印象、生理和心理反应、行为和成就等各个方面。影响用户体验的因素有三个：系统、用户和使用环境。

从上面的案例来说，之所以形成"用户体验"，是因为首先手机具备视频功能；其次用户李涵急需要与丈夫通话；而李涵与丈夫相距两地，这款手机的视频功能正好满足了用户的需要。这时，销售员先建议用户免费体验，然后再牵着顾客的鼻子走。

到这里，我们这就可以解释，为什么房屋中介喜欢领我们去看房子，并让我们描述一下入住后会把它布置成怎样；为什么汽车经销商会把钥匙塞给我们，让我们开车上路遛一遍。

# 第五章

# 生活越简单反而越快乐

## 每天做"快乐练习"让你心情更愉悦

生活中，我们也许没有别人英俊潇洒，但我们身强体壮；我们尽管不会琴棋书画，但我们思维敏捷，逻辑清晰。因此，我们不要只看生活中不顺心、失意的方面，要学会从生活中发现美好。其实上帝不会给一个人全部，也不会亏待哪一个人，所以我们一定要用乐观的心态让自己快乐地生活。

乐观心态的形成并非一朝一夕的事，需要不断地练习。

如果你正处于伤感的情绪中无法自拔，找不到生活的乐趣，请按照要求做下面的练习。

练习时间：每天，在晚饭后或者在睡觉前。

练习内容：写出这一天发生的三件好事。

具体要求：连续一个礼拜每个晚上都这样做。当然，你所列出来的三件事可以是一些并不那么重要的小事，比如"今天中午，同事帮我买午餐"，或者是一些更重要的事情，比如"母亲今天生日，全家一起吃饭，我很快乐"。

分析事情的缘由：在每件积极事件后面，都写上自己对这个问题的回答。例如，你可能推测你的同事为你买午餐是因为"她很关心我"，"母亲过生日，我很快乐"是因为父亲夸你孝顺，所以你开心。

这个练习能够增进你的幸福感体验并减少抑郁情绪。如果延长练习的时间，比如连续六个月，甚或将其作为日常生活的一部分，那将会对你产生长期的益处。试想，如果每天你都开心地入睡，第二天也同样会开心地醒来。

我们无法延伸生命的长度，但可以决定生命的宽度。只要我们用积极的态度、乐观的心态面对生活，每天都可以找到让自己愉快的事情，因为生活原本就是美好的。

## 为什么生活越简单反而越快乐

在现代社会中，越来越多的人拼命工作，只是为了职务的升迁，似乎只有权威才能带给他们快乐。也有些人原本不喜欢自己现在的工作，但为了追逐物质的丰裕不得不做着自己并不想做的事情。可结果是名利都有了，却发现自己并不快乐，这到底是为什么？

事实上，快乐来源于"简单生活"。物质财富只是外在的光环，无法救赎内心的空虚。真正的快乐来自发现内心真实的自我，保持心灵的宁静。快乐和收入其实并没有直接的关系，除非我们无法满足自己的温饱时。

虽然多数人都希望自己的生活能够达到"简单并快乐着"的状态，但事实上并没有多少人能够真正做到。他们住着大房子，开着名车，做着高收入的工作，过着高消费的生活，内心却被越来越多的欲望折磨得疲惫不堪。

在一些人看来，简单生活意味着辞去待遇优厚的工作，靠微薄的存款过日子，定会过得非常清苦。心理学家认为，这是对简单生活的误解，简单意味着悠闲，仅此而已。如果你愿意，你可以做自己喜欢的工作，拥有丰厚的存款，重要的是不要让金钱给你带来焦虑。

无论是富有的人还是收入微薄的工薪阶层，都可以生活得尽量悠闲，在"简单生活"中追求快乐。

不妨试试下面这些好方法。

第一，做自己最喜欢的工作。往往最简单的事物带来的是最本能的快乐。如果现在的你承担了太多的工作或职务，让你无暇去享受生活，那么不妨按自己的兴趣和重要性将工作进行排序，选出你最喜欢的，你就能得到简单的快乐！

第二，多做运动。研究发现，人在运动时情绪会变得更好，而且思维的敏捷性也更高。如果在心情不好的时候做运动，还能够转移注意力，缓解不良的情绪，放松心情。

一些不爱运动的人往往性格更为内向和孤僻，不愿意与人打交道。因此，要想保持快乐的心情，一定要经常运动，比如每天散步半个小时，骑车去上班，这些简单的运动都会使人感到快乐。

第三，拥有一项长久的兴趣。心理学家研究发现，当人们对某件事情感兴趣时，往往会不由自主地花更多的时间，更大的精力在这件事情上。而这个过程中产生的往往是欣喜、快乐和满意等积极的情绪，即使废寝忘食也心甘情愿。

第四，专心做事。当你投入做某件事情的时候，感觉时间飞快；而如果我们做事拖沓，就会觉得这项工作很无聊，也就体会不到快乐了。

## 助人为乐者更快乐

我们常常认为，拥有便是快乐：拥有金钱和权力，可以满足自己的欲望，所以快乐；拥有漂亮的衣服，可以在众人面前炫耀，所以快乐；拥有许多的爱情，可以让众人羡慕，所以快乐。其实，当我们真正拥有这些时，我们真的感到快乐了吗？

一项对金钱与快乐之间的关系进行的心理学调查，发现了一个有趣的现象，即金钱与快乐之间并不完全成正比，而是呈一个倒"U"字的曲线。也就是说，越有钱的人其快乐指数往往是下降的，更多的金钱并不能给他们带来更多的快乐。所以说，拥有并不一定能带来快乐。那么，什么样的人最快乐呢？

心理学家告诉人们，助人为乐者最快乐。我们来看佛经中的一个故事：

一天，有三个人凑在一起，他们都在抱怨自己的生活不快乐，其中一个人提议去请教一位有名的禅师。三人找到禅师说明了来意："怎样才能让自己过得快乐？"

禅师说："你们先说说自己是为了什么而活在世上？"

甲说，他活在世上是因为他一家老小要靠他养活，所以他不得不活着。

乙说，等到有一天他老了，就会看到满堂的儿孙，那时他就会觉得自己过得很快乐，所以他要活着。

丙说，因为他害怕死，所以要活下去。

禅师听完他们三个人活着的理由，笑道："如此的生活理由，自然不会快乐。"三个人不明白，于是问道："那如何才能活得快乐呢？"

禅师没有回答，又问道："那你们想得到什么才觉得自己就快乐了呢？"

甲说，我要是有了无数的金钱，就会觉得快乐。

乙说，我要是有了至高的地位，就会觉得快乐。

丙说，我要是有了完美的爱情，就会觉得快乐。

禅师又笑了："许多人虽然拥有这些，但活得并不快乐。相反，正是这些带给他们无尽的烦恼和忧虑。让我告诉你们快乐的秘诀：金钱要布施而不是占有才会快乐，荣誉要服务他人而非唯我独尊才会快乐，爱情要奉献而不是索取才会快乐。"

三个人听了之后，此后的生活过得快乐而幸福。

帮助别人是快乐的，因为这能满足他人的需要，也能得到他人的尊重。例如，看到一个步履蹒跚的盲人过马路时，我们适时地给予帮助，对方礼貌地向我们表达感谢，此时的我们也因此变得更快乐。

美国一家心理学杂志进行了一项大型调查，发现那些经常帮助别人的人比不乐于助人的人有更多的快乐感受，他们的生活指数和生活满意度比后者要高出 24%。此外，这些人患各种心理疾病的概率也远远低于后者。由此可见，帮助别人不仅能给别人带来帮助，还能让自己远离疾病的困扰，这是一件互惠互利的事情。

　　除此之外，心理学家们还认为帮助别人是一种自我肯定的需要，当你这种需要得到满足的时候，你就会有一种自豪、快乐的感觉。反之，则会产生自卑和消沉的情绪。心理学上有一个很著名的实验，叫作"镜像自我"实验。

　　在孩子的鼻头上点上红点，然后让他们照镜子，如果孩子们知道镜子中的人是自己，那么他就会去摸自己的鼻子；反之，他会去摸镜子中的那个影子。这个实验就是"镜像自我"，通过照镜子来认识自己的存在。后来，"镜像自我"的意思被引申为，通过别人对自己的评价来认识自己，别人就像是一面镜子，可以帮助我们更好地了解自己，他们的肯定就是对自我的一种表扬。

　　其实我们每一个人都或多或少有一些成就动机，作为一个生活在社会中的人，最基本的成就动机就是自我的价值被肯定，也就是我们常说的自我价值感。自我价值感不仅仅通过各种成绩和名次来体现，还常常由于他人的尊重和肯定而得到升华。这种心理上的认同，会让我们更好地认识自己的价值所在。

　　如果你的生活中总是洋溢着这种对于自我的肯定和欣赏，那么你每天都会拥有阳光般的快乐。反之，抑郁、困惑可能就会不时地光顾你了。所以，让我们在能够帮助别人的时候尽量伸出援助之手，这样我们会拥有越来越多的快乐！

## 远离嫉妒才能变得快乐

在现实生活中，我们可能经常遇到这样的情况，某个人一旦成名或取得了某种成就，随后就会有很多闲言碎语纷至沓来，有时候甚至是人身攻击。有些人一看到别人比自己幸运，心里就"别有一番滋味"。这种"滋味"就是嫉妒心的体现。

嫉妒是对才能、名誉、地位或境遇等比自己好的人心怀怨恨，是一种消极的情绪，会让自己变得很不快乐。培根说："在人类的一切情欲中，嫉妒之情恐怕要算作最顽强、最持久的情绪了。"

心理学家认为，过度的嫉妒是一种病态心理，不仅影响一个人的道德品质，还能导致某些功能性或器质性疾病。研究显示，嫉妒会影响人的消化系统、神经系统、免疫系统甚至生殖系统，引起如头晕头痛、失眠多梦、烦躁易怒、情绪低落、食欲减退、恶心呕吐、腰背酸痛等症状。

嫉妒不但对人们的身体健康产生巨大影响，还会引发"嫉妒妄想症"。当然，一般的嫉妒心理也并非那么可怕，关键看我们能不能正确对待。

生活中，我们多少都有一点嫉妒心，当我们看到同学或朋友不断取得成功时，心里会"隐隐"觉得不平衡，但这种"隐隐"的感觉是可以控制和调整的。

法国著名作家大仲马说过："人生是一串由无数的小烦恼组

成的念珠，乐观的人总是笑着数完这串念珠。"因此，有嫉妒心理并不可怕，只要微笑着去战胜它，就能数好人生的念珠。在这里，列举几种克服嫉妒的方法，希望对大家有所帮助。

第一，自我评价。检视自己的成长和收获，评价自己的付出和所得，思考自己的经历和规划。这将使你变得更积极，因为你不再与他人比较，不会再为他有你无的事情心生嫉妒了。

第二，要培养洒脱的心态。嫉妒常常来自生活中某一方面的"缺乏"。你嫉妒，也许是因为别人得到了自己想要的工作或等待的机会。这种"缺乏感"总是会扰乱我们的想法，从而引起嫉妒这种强烈的负面情绪。培养洒脱的心态在克服嫉妒上是很重要的。当知道这世上有很多机会时，我们便没什么好嫉妒的了。

第三，不和别人比较。人们常说"人比人，气死人"。假如我们有辆很漂亮的车或有份很好的工作，这种比较能满足自己的虚荣心。反之，我们就会变得消极、悲观。这世上总有人比自己拥有得更多、更好，所以，在这场较量中，我们不可能一直"赢"。与其盲目攀比给自己找别扭，不如不比较。

第四，勇于承认嫉妒心理。如果嫉妒的负面情绪已影响了我们的心情，而我们暂时也无法立即摆脱它时，就勇敢承认这个事实。心理学家认为假如接受一种情绪，我们便能平静地看待它，停止给它提供能量，这种情绪便会最终消失。

调整嫉妒的心理关键是学会面对自己，正确认识自己的优点，同时看到自己的不足。如果我们可以把嫉妒转化为成功的动力，化消极为积极，那么嫉妒对我们的工作和生活反而有积极作用。

## 无私者更快乐

现实生活中，人们似乎都在追逐幸福生活，那么到底什么是幸福？恐怕很多人都认为过上富裕的生活，住上别墅，开上豪车，就是幸福的。的确，人们总是认为财富与幸福是成正比的。

事实上，幸福是指人们在感受外部事物带给内心的愉悦、安详、平和、满足的心理状态。只有心灵可以感知到快乐，这种感知能力不是任何机能可以增减，也不是任何环境可以改变的，更与财富无关。

一位百万富翁曾这样说："除了不再需要像以往那样夙兴夜寐的劳动之外，现在的我并不比当年那个口袋里一分钱都没有的我快乐多少。当年潦倒的我甚至比现在还快乐。"

可见，钱财本身并不能让人感受到幸福与快乐。金钱要想让人觉得幸福，必须使它服务于高尚的目标。人倘若没有高尚的理想，是很难真正幸福起来的。

许多富人感到最为失落的一点，就是他们无法用金钱来购买幸福。一心想着通过金钱来找寻幸福的人，就好比想在一块正在漂向大海的浮冰上寻求安全。金钱所能带给我们的只是物欲的满足。人类是不能单靠面包来生活的。

很多人没有积累很多财富，却树立起了一座座巨大的人格丰碑；很多人没有成为百万富翁，却拥有坚不可摧的信念，拥有着无价的友谊，在善良之人的心中永远镌刻下自己的名字。他们无私地鼓励、帮助着别人，以高尚的情操感染着许许多多的人。

大城市里有很多富人，但他们的名字却与很多有价值的事物无缘——他们没有向穷人施与，从来不向有意义的事业出一份力；他们缺乏公益精神，不参加任何真正助人的社区活动。

这些富人完完全全将自己包裹在自己的世界里，觉得与其将金钱用于别人身上，不如用在自己或家人身上。长此以往，他们变得越来越贪婪，内心也变得铁石心肠。当他离开人世时，世人很快就遗忘了他。

第六章

# 相爱越容易相处越难

## 为什么职场恋情容易发生

"办公室恋情"近年来越来越受到人们的关注。在日益繁忙的现代社会,办公室白领没有足够的时间去接触公司外的异性,越来越多的人将目光瞄向了自己的同事。

李小姐和男友原来在同一家公司工作,刚开始只是一般的同事,后来成了一对办公室恋人。公司明文规定同事间不准谈恋爱,不过真正谈起来也没人管,只是双方都觉得挺别扭的,于是李小姐辞职,另外找了一份工作。

人是一种非常有趣的动物。即使我们对对方(异性)完全不感兴趣,但是如果对方在自己的私人空间中存在很长时间,我们也会渐渐对其产生好感。所以,职场中的异性同事之间,容易产生恋爱。因为在一个团队中的同事有共同的工作目标,一起加薪时可以分享彼此的喜悦，甚至连发牢骚、说坏话都能找到共同话题。长期相处下来，形成"心有灵犀"的默契也就不足为奇了。

还有一个因素是造就"职场恋情"的重要原因，那就是工作中适度的紧张状态。适度的紧张能够增强女性对男性的依赖度，从而加深男女同事之间的感情。

而且，在紧张状态下努力工作的男性，在女性眼中充满了无限魅力。毫无怨言、埋头苦干的男性，给女性留下的多是强大、可靠的印象。女性在不经意间就会想：这样的男人，一定也能给我安全感。其实，很多女性想从男性那里得到的就是安全感，而男性努力工作的样子恰好可以使女性联想到这种感觉，因此会受到女性的青睐。

不过，办公室恋情也需要承受很大的压力。因为你们的一举一动都在"监视"中，也最容易遭到非议，因此需要尽量保持低调，最好不要当众表示亲昵或者眉目传情，不要做出任何让你们显得与身边人格格不入的举动。这样，你们的恋情才会更加安全、长久。

有些办公室情侣喜欢说些得了便宜还卖乖的话："哎，我们每天都在一起，抬头不见低头见，真无聊。"小心被异地恋的情人们丢砖头。天天见面还整天待在一起的恋爱方式，确实非常适合那些缺乏安全感以及占有欲比较强的人。

事实上，每个人都有占有欲，每个人都会缺乏安全感，所以多享受一下相伴相依的幸福，少抱怨一点没有隐私或者神秘感的缺憾吧。总之，理性看待办公室恋情才能帮助你职场情场两得意。

## 为什么会有"婚前恐惧症"

如今，越来越多的准新人想结婚又怕进"围城"，一些即将举办婚礼的准新人由一直对婚姻殿堂的向往和憧憬，变成了婚礼之前的焦躁迟疑，甚至觉得难以面对婚姻、害怕婚姻。这并不是双方感情出了问题，而是有一方出现了"婚前恐惧症"。

一对男女打算在年底结婚，准新娘却似乎有些迟疑，口口声声不同意，说她害怕结婚。

她开始爱上频繁地转乘公交车，即使几百米远的距离，她也希望有2次以上的转乘机会。她最喜欢乘那种大大的带空调的公交车，以求快速回家。但回到家后，一看见请柬上有她和未婚夫的合影，她就赶快移开，呆呆地坐在地板上发愣。天天如此。

除了婚前恐惧症，她很难给自己目前的状态一个合理的解释。

据心理专家介绍，患婚前恐惧症的人群比例中，女性要大大多于男性，同时二者的恐惧因素也有很大差别。女性主要担心婚姻会产生变数，爱情不会长久。据社会心理学家介绍，婚前恐惧症是因为生活紧张，总渴望一种自由散漫的生活所致。而由于平时经常听到关于婚姻的探讨，特别是经常听到涉及夫妻矛盾和责任关系的话题，所以准新人很容易产生一种恐惧心理和逃避心理。尤其是现在婚前同居现象日益普遍，未婚青年对婚姻的期待心理更是相当程度地减弱了。由于同居而对婚姻失去新鲜感，对婚后责任产生更多考虑，所以更容易表现出对结婚的恐惧。婚礼的演变也是产生婚前恐惧心理的重要原因。以往结婚多为父母操办，而现在多是年轻人自己料理。结婚时很多繁杂的事务也会使年轻人产生心理疲惫感和恐惧感。另外，由婚姻带来的家庭重组更是必然会带来情感和经济上的摩擦和碰撞等，这也从侧面加剧了婚前恐惧症状。

婚前恐惧症对生活和工作都会有一定影响，通常表现为烦躁、脾气急、爱发火，有的人则沉默寡言。专家指出，如果担心不适应未来的共同生活，在出现一系列恐惧症状后，双方不妨经常到对方家里多坐坐，了解他（她）的家人，与对方以及对方的家人多交流，直接或间接地了解未来的家庭成员，该过程也是心理逐渐适应的渐进过程。对婚姻的持久性表示怀疑和恐惧时，要保持开放的心态，去跟对方沟通交流，进而打消这种疑虑。如果对方突然不愿意结婚，不要急着否定双方的感情，应该多问问其担心和顾虑的原因。如果协调好，对婚后的生活也是很有利的。

## 什么是"刺猬效应"

为了研究刺猬在寒冷冬天的生活习性，生物学家做了这样一个实验，他把十几只刺猬放到户外的空地上。因为寒冷，这些刺猬被冻得浑身发抖。为了取暖，它们想了一个办法，那就是所有的刺猬紧紧地靠在一起。

可是靠在一起的时候，问题来了，因为忍受不了彼此身上的长刺，刺猬们又不得不马上分开。可天气实在太冷了，后来，它们又再次尝试靠在一起取暖。然而，靠在一起时的刺痛使它们不得不再度分开。就这样反反复复，最后，刺猬们终于找到了一个适中的距离，既可以相互取暖，又不至于被彼此刺伤。这就是刺猬效应。现代社会中，每个人都变得像刺猬一样，为了保护自己而不得不装上了各种防备的刺。可是如果彼此距离太靠近了，心灵就可能受到伤害。

女人说："他那么优秀，太招人喜欢了，我不敢靠近。"男人说："她太漂亮了，追她的人太多了，我不敢奢求。"本来可以拥有幸福的两个人，却因为太害怕靠近而失去交往的机会。过了热恋期的情侣，女方往往会抱怨："他觉得我是黄脸婆，一点都不在乎我，老是在外面瞎混。"男方则常会无奈地说："她老是查岗，整天电话跟踪，老是无理取闹。"两人之间的争吵也越来越多，最后感情无法继续维系。可见，感情的维护是需要空间的，太靠近了就会令人窒息。

靠得太近了，容易产生矛盾，互相伤害；离得太远了，又无法更好地了解对方。

那么怎样的距离才是合适的呢？

初次见面的人，如果你一上来就直接称兄道弟，往往让人觉得反感，别人也不想对你有什么更深入的了解了。如果一开始就拒人于千里之外，相信也没人愿意靠近你。

同样地，再好的朋友，再熟悉的亲人，即便是最亲密的夫妻，也应给彼此保留一点心理空间。这是一种相互间的尊重，这种尊重表现为不随便打听他人不愿、不主动告诉你的事，不追问他人的秘密等。

只有正确地掌握与陌生人、与朋友、与亲人的距离，互相之间才能维持良性的交往与互动。

## 女人如何能不唠叨

田勤剑经常向他的朋友诉苦："我娶了个'唠叨皇后'，再也受不了她吹毛求疵、无休无止的抱怨和骚扰了，我只想解脱。"

有一份调查显示，男人讨厌女人做的事情当中，"唠叨"排在了首位，且远高于排名第二的"不爱打扮"。

女人爱唠叨，一是缘于女人的爱心和责任心，她们要操心家庭的每一个成员和家庭生活的每一个细枝末节；二是在家务中女人是主要负责人，男人不管事，女人"照单全收"，管的事多而琐碎，难免多说几句；三是女人把她的喜和忧说出来，是在向丈夫倾诉，希望能得到丈夫的宽慰。

其实，大多原因都表明，女人的唠叨本意是好的，是出于对男人的爱、对孩子的关心、对家庭的责任。

从男人的角度来看，唠叨是一种间接的、无休止的、否定性的提醒。它提醒你还有什么事没有做，或提醒你还有什么缺点。女人越唠叨，男人就越喜欢装聋作哑把女人一个人晾在那里，让她满腹委屈；而她越被冷落，唠叨就越发变本加厉。

卡耐基在他的《人性的弱点》中说：唠叨是爱情的坟墓。聪明的女人，如果你真正爱他，希望得到他的宠爱，想要维持家庭生活的幸福快乐，就停止唠叨吧！

如果你是一个爱唠叨的女人，那么为了你的爱情和婚姻，请停止唠叨，以下几点是给你的建议：

第一，多交流，不唠叨。忙了一天好不容易两个人见到面，也许你想跟他说说今天的见闻，但男人也许很累也许正在为某件事烦心，想安安静静地看个报纸，此时如果你不识趣地打扰，就是自找麻烦了。你不妨先给他一点自己的空间，等他情绪稳定了，再好好地交流。

同时，你在表达自己的意愿和看法时，最好用委婉和幽默的方式，避免重复的命令和埋怨。

第二，就事论事，停止唠叨。比方说，你看到他脏衣服乱扔，就开始唠叨，接着说到书柜太乱，然后又扯到他不帮你做饭，这样就会让他无所适从，不知道自己哪里错了，反而责怪你太唠叨。所以你要就事论事，明确地指出脏衣服应该放到哪里。

第三，冷静对待不愉快的事。有些女人在遇到不愉快的事情时，总是不厌其烦地诉说着自己的不快和郁闷，却没有看到男人对你的唠叨已经不胜其烦了。所以，这时你应该想办法控制自己的情绪，把坏情绪通过另外的途径排解出去。

## "爱情沉默症"有多可怕

处于热恋中的青年男女，总有说不完的情话、诉不尽的蜜语。虽说现代的恋人已经不像从前那样勤写情书，但是"煲电话粥"所花费的时间与金钱却是非常可观的。古今中外用于描写爱情的字句，用于热恋的每一对青年男女总是非常贴切的。而婚后的夫妻，却似乎在热恋时已把情话说完，日常生活中的话语变得非常简单，如："喂，饭做好了没有？""快点去买包盐回来！""你怎么那么讨厌啊。"研究发现，许多人认为，一旦成为夫妻，就是自家人了，他爱我，我爱她，天经地义，何必再不厌其烦地说出来呢？作为夫妻，他应该做他的事，挣钱养家；她也应该尽她的本分，相夫教子，两人没有必要假惺惺地客套什么的……这是目前一些夫妻对待感情交流所持的态度。在这种观念支配下，中国的已婚男女一反热恋的亲密与热烈，对婚后夫妻情感的表达往往显得忸忸怩怩，甚至到了近乎无话可讲的地步。这样的夫妻，其实是患上了"爱情沉默症"。

"爱情沉默症"的表现主要有：

（1）很少对爱人说一些十分甜蜜的话；

（2）从不向爱人认错；

（3）两人从不共同讨论性生活问题；

（4）很少去想爱人需要些什么物品；

（5）常常觉得与爱人聊天是浪费时间；

（6）喜欢一个人做事，不愿意与配偶商量；

（7）认为故意取悦对方是庸俗的；

（8）搞不清爱人对自己的感情如何；

（9）爱人做了件自以为得意的事，你却不以为然，觉得没有什么了不起，不值得庆贺；

（10）遇到矛盾或问题，夫妻俩经常生闷气；

（11）认为"在爱人面前认错很丢人"；

（12）有些事心里很不满，可又怕说出来伤了夫妻的感情；

（13）不知道爱人对自己哪方面不满意；

（14）婚后很少坐下来交流感情；

（15）爱人生气时，常常置之不理；

（16）有许多话不愿意与爱人说；

（17）在爱人面前谈论想法时，对方常常显得心不在焉；

（18）两人在一起时，常觉得无聊；

（19）很少去探究爱人为什么总是情绪不好。

对于"爱情沉默症"，专家认为这种现象很正常，也很普遍。有人曾经说过："男人把追求异性当成自己的事业，一旦追到手，就会转移目标去追求另一份事业。"其实男女双方都一样。结婚之前，双方都会把爱情当成自己的事业，苦心追求、经营，而结婚以后，各自又会去追求自己的事业，比如说男人可能把心思放到工作、升职、加薪上，而女人可能把更多心思放到孩子身上，抑或其他方面。其实人在婚后不再投入与恋爱时同等的精力是感情发展的自然过程，并不是变心或是其他什么，因为恋爱时过多的精力投入本身就是一种非健康的状态，不可能永久，人总要恢复正常状态。所以多数人在婚后会陷入沉默，或者有些矛盾也属正常。而此时如何经营自己的婚姻就显得尤为重要了。有不少夫妻在婚后一直相濡以沫、相亲相爱，这说明他们双方都比较懂得经营，遇到生活上一些乏味小事或一些小摩擦，都会处理得比较好。但是多数夫妻还是不懂得经营，只能任由彼此陷入沉默，平淡地生活。

除此之外，还有许多原因可能会导致"爱情沉默症"。当然，如果夫妻之间已不再相爱，或一方有了外遇，则"爱情沉默症"只是"伴随症状"而已。那么，"爱情沉默症"如何治疗呢？

1.打破错误观念

婚后，生活确实变得现实多了，但只有不断发展类似婚前的那种恋情，平凡的生活才会产生乐趣，人才能从生活的烦琐中体味到人间的幸福。否则，每日埋头于生活琐事，会渐渐让人产生厌倦情绪，进而使"婚姻是爱情的坟墓"得到印证。

### 2. 不要总想自己的尊严

夫妻间不应当笑话谁主动了、谁得面子了等。因为主动和热情本身就是对爱人的一种尊重与依赖，对方若以此取笑，岂不是不知好人心？

### 3. 学会共同创造新生活

多在生活中安排一些娱乐项目与交流感情的机会，因为这不仅仅是巩固和发展夫妻关系的需要，同时也是对繁忙、紧张工作的调剂。它能使人们能从紧张的工作中解脱出来，以旺盛的精力和充沛的体力继续工作与学习。

### 4. 正确认识"男子汉"

真正的男子汉，应该是既懂大义又明细理，既有七情六欲又会适当地进行表达的人。那种缺乏温情的、冷酷的男人，实际上是心理不健康的男人。

### 5. 增加性生活的和谐

和谐的性生活是强化夫妻感情的一种黏合剂。夫妻间如果在性生活中有了障碍，一定要去寻求专门的科学指导。否则，一生中几十年都会在痛苦中度过。

第二篇 | **透视人类行为的非理性心理**

第一章

# 喜欢从巧合中寻找因果

## 为什么越不想发生的事情却发生了

我们常常会遇到这种情况，越不想发生的事情，却越不可避免地发生了。

当希拉到一家广告公司应聘中层管理人员的职位时，她看起来并不紧张。但现场被问到一些刁钻的问题时，她承认自己当时表现得很不好。这其中的一个原因是她怕自己会说些不该说的话，比如对面试官的着装或是公司的内部信息评头论足。希拉让自己尽力不去想这些，但是这样反而无法集中注意力。

丹尼尔·魏格纳是哈佛大学的一位心理学家，他倾注了自己大部分心血来研究为什么人极力避免的想法或行为终究还是会发生。当我们尽力避免想到某事时，会承受巨大压力，在压力之下，我们会不自觉地朝着自己极力避免的方向前进。因此，我们很有可能脱口而出自己极力避免说出的话，或者做出自己尽力避免的动作或行为。

出现这种情况时，你该如何是好？冥想也许能帮你学会不要老想着那些你尽力避免的事，让你的心境变得平和。

除此之外，你可以将你想要避免的想法写出来。

生活中，虽然很多事情是无法预料的，也不能避免，但如果你能够以平和的心态对待，找出症结所在，或许问题就能迎刃而解了。


## 墙上挂的画真的会影响你的一生吗

在一些大型企业老总办公室中，挂什么样的画都是有讲究的。因为墙上挂的画，将持续不断地产生暗示作用——暗示房间的主人能够像画中的这些成功人士一样取得成功。这就是积极的自我暗示所产生的效果。

和其他伟人一样，托马斯·阿尔瓦·爱迪生显然懂得重复性心理暗示的重要性。作为这位发明家百年诞辰庆祝仪式的一部分，他去世时被密封的书桌被打开。在其中找到的众多物品中最显眼的是一张写有传奇人物故事的纸："当感到沮丧时，就想想约拿！他出来时完全没事儿。"爱迪生生前一定充分思考甚至反复思考了那句话，否则他不会一直把它留着。

作为一个渴望成功的人，你必须学会运用正面的自我暗示进行心理重建。否则的话，过去留在你心中的印象，就会使你在生活的各个方面都陷入一种失败的行为模式。

不同的意识与心态会产生不同的心理暗示，而心理暗示的不同也是形成不同的意识与心态的根源。所以说心态决定命运。人类除了语言，还能使用70万种以上的信号来互相交流意识，也就是暗示。暗示是一种语言的或感觉性的提示，它可以唤起一系列的观念或动作，直接谈话可以产生观念的联想。

要经常定期地检视一下别人对自己提出的消极、否定的暗示，不要因为别人提出了具有破坏性的暗示，而受到影响。所以，不管是墙上挂的画也好，还是自我暗示也好，都会给人带来正面或是负面的影响，我们要运用暗示的正面效应为自己的人生增添色彩。


## "幸福来得太突然了"是真的吗

幸福是什么？

幸福是一种自我感受，是一种心理状态。幸福是人们的渴求在被得到满足或部分被得到满足时的感觉，是一种精神上、心理上的愉悦。幸福是无形的，生活中的许多事情可以为我们带来幸福的感受，却没有一种相应的尺度可以衡量，我们也无法预测幸福何时会光临。于是，生活中常常有人感叹："幸福来得太突然了！"可能是心仪已久的对象忽然的表白，或是埋头工作突然接到的升职通知，抑或久病遇良医……总之，幸福有时总在我们没有预料到的时刻悄悄来临，令人措手不及、难以置信。

俗话说："天下没有掉下来的馅饼，地上没有现成的点心。"事实上，天上也没有掉下来的幸福。

美国电影《当幸福来敲门》描述了这样一个故事：克里斯·加德纳在一个单亲家庭中长大，在 28 岁的时候才见到自己的亲生父亲，于是他希望能让自己的儿子一直都活在自己的保护下。他的梦想是成为一名投资专家。可是，面对生活的困苦，妻子还是离开了他。接着，没有能力支付房租的他开始带着儿子过着流浪的生活，甚至要在火车站的厕所里度过漫长黑夜……在那段艰难的日子里，他一方面要努力通过没有薪水的 6 个月实习期；一方面要卖医疗仪器糊口；另外他还要保护好儿子的幼小心灵。但正是这样惨淡的生活磨难，激发了克里斯追求幸福的惊人斗志，他在逆境中全力以赴，甚至靠卖血养儿度日也不放弃追求，终于成为成功的证券经纪人，在那一刻，站在人群中的他激动得不知道如何来表达内心的感受，他飞速地跑到儿子面前与其相拥，眼中的泪花在这一刻则是幸福的泪水。虽然，这对他来说只是一个起步，不过，这确是他的人生转折。后来他赚得了巨额的财富，得到了幸福的眷顾。

得到幸福的过程是如此的艰难，也正因为艰难，我们才会格外珍惜。其实，幸福也是你在实现自己目标后的一种心理反应，给人精神上的振奋。加德纳的故事告诉我们，幸福的大门是为有准备的人敞开的。

在一个人漫长的成长经历中，是否能适应社会，是否能更好地生存，能否收获成功与幸福很大程度上取决于他是否善于抓住机遇。生活中充满各种机遇，罗丹说："人们的生活中不是缺少美，而是缺少发现美的眼睛。"同样地，人们的生活中不是缺少机遇，而是缺少抓住机遇的实力。猎人只有抓住机遇，猎到野兔，才可以填饱肚子。而一个猎技不高的猎人，即使看见兔子也只能眼睁睁地看着它逃掉。因此，幸福也与自身所付出的努力相关。不断努力充实自我，做好迎接机遇的准备，最终才能收获幸福。

所以，当你看到报纸上某人一夜成名，或是幕后研究的学者突然曝光于聚光灯下，或是身边某个平凡的同学拿了一个令人瞠目结舌的高分……不要惊讶，这不是偶然。他们只是靠其自身充分的准备，才能在机遇来临时走向成功。换言之，只有先前坚持不懈地努力，有充分的准备，机遇与幸福才会真正降临。只要付出努力，幸福的来临是必然的，之所以你会觉得"突然"，是因为你能够预料到自己的成功，但是无法预料成功到来的时间。

## 自我暗示如何杀死一个人

卡尔曾找过一个有名的女占卜师，他想要算算未来。这个女占卜师告诉他说他有心脏病，并且预言他下个月初会死。卡尔吃了一惊，但对她的话深信不疑。于是他打电话给家里的每个人，告诉他们这个预言。然后，他去找律师准备遗嘱。随着预言中的第二个月渐渐临近，他越来越害怕。原本活蹦乱跳的一个人，现在却成了个病号。所谓的"大限"那天，他果然发生了致命性的心脏病。他死了，却不知道自己其实是因为恐惧而死的。

因为卡尔相信女占卜师的力量，所以当女占卜师给了他一个消极暗示时，他就立马完全接受了。可以说，置他于死地的，是他自己潜意识中对死亡的恐惧。

要让你的世界发生改变，你就必须先改变自己的内心。对你而言，他人的暗示本身没有任何力量。倘若说这些暗示拥有力量，那么这都是你自己给的。你要是不认同它们，这些则都是在胡说八道。反之，这些观念就会在你的潜意识下发生作用。

　　因此，要经常反思一下，他人都给了你哪些消极暗示，你是不是很容易就被这些消极的暗示影响。抵制消极潜意识的秘诀就是，让自己的内心富有起来。

第二章

# 爱跟别人对着干

## 人们为什么总是喜欢对着干

我们经常会遇到这种情况：你越是让我做什么，我偏不做；你越是不让我做什么，我偏要做。即使两个陌生人碰面，甲让乙给自己让路，乙要是高兴的话，会很痛快地让开；如果不高兴的话，则会说："凭什么给你让路啊？这条路是你们家修的？我想站哪就站哪，你管得着吗？"为什么人们总是喜欢对着干呢？

其实，这是人们逆反心理的一种体现。逆反心理是一种常见的心理现象。每个人都有好奇心，因为好奇而想要了解某些事物，当这些事物被禁止时，最容易引起人们强烈的好奇心和求知欲。特别是只作出禁止的命令而又不解释禁止原因的时候，更容易激发人们的逆反心理，使人们更加迫切地想要了解该事物。因此，你越是禁止，对方越是想知道。

逆反心理是人们彼此之间为了维护自尊，而对对方的要求采取相反的态度和言行的一种心理状态。这种现象在青少年人群中是最常见的，其他年龄阶段的人群也会有这种心理。在日常生活中，人们常常通过这种与常理背道而驰的行为，来显示自己的"高明"和"非凡"，来抗拒和摆脱某种约束，来满足自己的好奇心、占有欲。

逆反心理会使人形成一种狭隘的心理定式和偏激的行为习惯，处处与人对着干，使自己变得偏激、固执，无法客观地、准确地认识事物的本来面目，无论何时何地总是下意识地与常理背道而驰，从而做出错误的选择和决定。

因为逆反心理可以造成这样的心理结果，即你越是制止人们的某种行为，他们越是想要这样去做；如果你坚持采取某种行动，结果却会使对方采取相反的行动。利用这种心理效果，我们可以设下一个小陷阱，刺激对方的逆反心理，使其主动地钻进来，以达到改变人们某种行为的目的。

苏联心理学家普拉图诺夫在《趣味心理学》一书的前言中，特意提醒读者请勿先阅读第八章第五节的故事。大多数读者没有遵守作者的告诫，而是迫不及待地翻看第八章第五节的内容。其实这也是作者的本意，他正是利用人们的逆反心理达到了让人们关注第八章第五节内容的目的。如果他只是在前言中说，第八章的内容很精彩，希望大家仔细阅读，这样反而起不了太大的作用。

人们做任何事情都会有自己最初的想法，不希望受到别人的限制。如果要改变他们的行为，我们可以巧妙地利用别人的逆反心理使其改变。我们要善于利用这一点，学会对人们进行善意的规劝和说服，同时也要警惕别人恶意利用逆反心理来激你，使你做出不理智的选择。

## 为什么销售员很专业，顾客却不买账

有的销售员以为自己对产品的性能及特点很了解，因此在向顾客推销时，不是一味地自吹自擂，就是不断地询问顾客："你懂吗？你知道吗？你明白我的意思吗？"他可能真的是在为顾客着想，希望能更好地介绍自己的商品，但顾客却十分不满，感觉自己被当作一个什么都不懂的傻瓜。

无论是自我吹嘘还是不断地质问，都会让顾客觉得受到了轻视，从而产生逆反心理。一旦造成这种结果，还谈什么销售？

吴女士准备给刚上学的女儿买一套合适的书桌。周末，她来到了某商场的家具销售区。吴女士一进门，一名销售员就热情地迎了上来，迫不及待地说："欢迎光临，本店的家具质量上乘，设计一流，豪华高档，摆放在您的家里，一定可以大大提升您的品位。"

吴女士笑了笑说："谢谢，不过我对这些倒不是很重视。对了，你能给我讲讲这套家具的具体构造吗？"并指着一套家具说。

销售员马上说："非常乐意为您效劳，这套家具的整体风格总体来说复古怀旧，由著名的设计师设计。如果你买了，还可以当作梳妆台用……"

吴女士再次果断地打断了销售员的介绍："这也不是我最感兴趣的。我比较关心的是……"

销售员马上又接过了她的话："我知道了，您想了解构造！这套家具采用的都是上乘木料，外面还配置了保护层，我敢保证它的使用寿命绝对在 20 年以上……"

这依然不是吴女士关心的内容，于是不得不再次打断销售员："关于这些，我都相信。但是我想，你是误会我的意思了，我更关心孩子……"

还没等她的话说完，销售员又一次抢过了她的话说："您完全不必有这样的担忧，我们会为您的家具特别配置一些防护措施，能够避免小孩子在上面乱涂乱画。如果您现在买的话，我们还可以给您优惠价……"

吴女士实在听不下去了，马上向对方告辞，转身离去。销售员只好满腹疑惑地道别。

这个案例中，双方交易之所以失败，就是因为这位销售员不明白吴女士的心理，而且不等顾客把自己的想法表达出来就一味自吹自擂。销售员以为自己了解顾客，是想顾客之所想，认为顾客都是行外人。事实上，吴女士关心的是家具适不适应自己的孩子用。

作为一名销售员，最关键的一点就是要站在顾客的角度着想，从而了解并把握顾客的心理需求，只有这样，才能促成交易。销售员如果只顾介绍，而没有弄明白顾客的真正需要，势必会引起顾客的反感。

优秀的销售员善于把握顾客的心理，知道如何赢得顾客的信赖，促成销售。

## 为什么销售员越热情人们越反感

对商家来说，顾客是上帝，你必须提供热情的服务。但是，倘若"热情"过度，便会引起消费者的反感。这种看似的"热情"，实则比冷淡还难以令人接受。

每当我们去美容店做美容时，工作人员总会给爱美的女士们极力推荐美容新产品，事实上，这样过度的热情行为不仅不利于消费者做出购买行为，反而会"吓"走消费者。

一个周末的下午，陈小姐没事去超市闲逛，当她到化妆品区时，本想随意看看就放慢了脚步。这时，马上被一个女售货员盯上了，还没等她看货架上的商品，这位女售货员就问道："您想要点什么？"

陈小姐说："随便看看。"

"您需要哪方面的？是想买面霜、洗面奶，还是晚霜、粉底液，我们这里应有尽有，要不我帮您介绍一下？"这个女售货员热情地推销道。

"不用，我先看看再决定。"陈小姐忍住不悦回答道。

"我看您很适合买这款祛斑霜。您只要坚持用半年，保证比现在看起来更年轻。"

一连串的介绍让陈小姐烦死了，于是只好匆匆离去。

相信很多的消费者对这种服务方式都感到厌烦。许多顾客之所以选择在大超市购物而不是去零售店的重要原因，就是希望自己不被别人打扰。如果销售员都像场景中的一样，顾客没有问题还跟在顾客旁边，并且向其推销顾客并不感兴趣的商品。这样只会惹得顾客反感。

更有一些销售员，在对顾客推销某种品牌商品的同时，一味贬低别的品牌的商品，这样会让顾客感觉这样的销售员没有诚信，而且人品也有问题。

某些销售员以为只要对顾客非常热情，顾客就会感动而去购买商品。而恰恰相反，这种热情往往让顾客颇为尴尬。有些顾客迫于压力，看到销售员如此热情，没有办法，只能购买自己并不喜欢的商品。但是他们心里往往非常不舒服，从而决定以后不再来此处购物，以免再被迫买自己不喜欢的商品。

大量事实证明，销售员越是热情，顾客却往往不愿做出购买行为。因此，销售员应提升自己的营销技巧，不要过分热情，也不要过于冷漠，要掌握好度。


## 为什么青春期的孩子都叛逆

青春期是人生重要的转折期，这个阶段的顺利与否关系到人生的未来。然而，一提到青春期，很多家长就会头疼，因为孩子进入青春期之后，会突然变得不顺从、不听话，他们的行为甚至可以用不可理喻来形容。

青春期的孩子就像一个矛盾体，前一刻钟，他们还在肯定这一切；下一刻钟，他们又会否定这一切；有时他们会盲目崇拜，而有时他们又会把所崇拜的事物贬得一无是处。他们就像一颗随时都会爆炸的"炸弹",也许家长不经意的一句话、一个眼神,就会成为引爆这颗炸弹的导火线。同时,他们对家长充满了敌意,事事都与家长对着干,家长让他们往东,他们就偏要往西。

总之,青春期孩子脾气暴躁,叛逆,充满矛盾,令人捉摸不透。面对这样一个完全陌生的孩子,很多家长不知道该如何去教育他们,从而感到恐慌和无奈。这些青春期的孩子心里都在想些什么呢?心理学专家为我们提供了答案:

第一,我想独立。进入青春期之后,孩子的身体开始慢慢发育成熟,这让他们感觉自己已经是成年人了。因此,他们在思想上也想得到大人的尊重。于是他们总是试图摆脱对大人的依赖,想独立,并不断地挑战大人的权威。

然而,由于这些青春期的孩子缺少社会经验,当他们以成人姿态出现在社会中时,却又屡屡碰壁。也就是说,他们想独立,但又害怕品尝碰壁的苦头,这一矛盾使得他们对自己感到很迷茫。

实际上,青春期的孩子非常渴望得到家长的理解和安慰,如果家长真的理解他们,他们是很愿意向家长敞开心扉的。然而,现实是,孩子要经常面对家长的指责和不满。在这种情况下,孩子不仅不愿意向家长敞开心扉,甚至会和家长对着干。

第二,我正常吗?到了青春期,孩子的身体开始出现第二性征,女生的乳房开始隆起,男生出现喉结、胡须等。这使得他们感到困惑和不安。

与此同时,性成熟会使孩子开始对异性产生莫名的好感和幻想,并产生对性的渴望和冲动,这又加重了他们的罪恶感。这种心理冲突会促使他们在心中不停地问自己："我正常吗？"

那么，家长们要怎么做，才能帮助他们更好地度过青春期呢？

首先，家长要适当地让权。

一些家长喜欢与这些青春期的孩子"较真"：批评他们的奇装异服、怪异发型；指责他们不务正业；过多插手孩子的事情……这些都不是有效的教育方式。这样做的后果只会让家长与孩子"两败俱伤"！家长越生气，孩子的怪异行为越多；家长与孩子之间的关系恶化，家长说孩子不可理喻，孩子说家长不理解自己。

正确的做法是，给孩子一些空间，让他们在宽松的环境中自我思考。

其次，以平等的态度多与孩子沟通。

青春期的孩子，存在很多成长的困惑。作为家长应该了解他们的真实想法和困境，并帮助他们解开心中的种种疑惑。但是，在帮助孩子时，家长要特别注意方式方法，因为青春期孩子的自尊心特别强，家长应该以平等的态度与他们沟通。

只有这样，青春期的孩子才更乐意接纳家长的"教育"和帮助，才能顺利度过青春期，甚至会在这个过程中和家长成为朋友。


## 为什么会对领导决断有抵触心理

领导与下属是社会关系中常见的一种。领导者对下属实施领导，并按照一定的目标、任务、标准、程序等要求下属做什么、怎么做，并规范下属的行为。二者之间有时难免会发生冲突。

在职场中，为什么下属会对领导的决断产生抵触呢？所谓抵触心理是对事物的压力变化产生的一种抵触心态，使情绪变得非常的暴躁和极度的不稳定。比如你想尽快地完成工作，领导却给你设置了重重障碍，致使你产生抵触心理。

抵触情绪常常以下列三种形式出现：其一，条件限制。某些人不能支持或同意你的提议，是由于某种无法妥协的原因（例如：公司政策、法律原因、合同义务）。其二，找借口。人们会找借口或拖延，是因为不相信你的主意会使他们受益。此时你能做的就是消除他们的疑虑。其三，真正的反对。这种情况是由于缺乏资金或资源，受时间限制等原因造成的。

对领导决断的抵触，其实就是对领导能力以及决断的怀疑。当你在职场碰到能力不如你的领导，心里或多或少会有些不服，对领导的话也不怎么放在心上，对于领导的决策也持反对意见，更不愿意去执行。觉得领导的各种决策都是错的或者觉得领导是在自作聪明，这种肤浅的决策作为下属的你动动脑筋就能做出判断；甚至你觉得这决策很不可思议，对此感觉很无奈。产生矛盾后，若身边再有人挑唆，下属就会觉得自己的努力领导根本就不会放在眼里，因而做事变得不积极；而领导会觉得，我给他做规划都是为了他可以尽快晋升，他还不领情。双方有了矛盾一般不会当场发作，但会对对方产生不满的心理。

出现抵触心理时，我们应该怎么做呢？

先来了解令下属不满的领导类型：暴躁型：这类上司经常为一点小事发脾气，性格急躁，容易将个人情绪带进办公室；优柔寡断型：你的上司总是朝令夕改，令你措手不及；摆款型：此类上司自恃清高，喜欢摆架子，而且心胸狭窄；管家婆型：这类上司事无巨细，什么都管，表面上他似乎相当开明，鼓励人尽其才，实际上他只是将他下属当工具，他的意见就是命令，你很难获得成就感；不体谅下属型：此类上司做事缺乏责任心，不懂得体谅下属，这一类型也是下属最抵触的。

对于以上几种类型的领导，我们能做的就是熟悉领导的心理特征，与之多沟通交流。不熟悉领导的心理特征，就不能与之进行良好的交流，无法与领导取得共鸣。

即使你受到了极大的委屈，也不要把这些情绪带到工作中，因为这会影响你的工作。

领导和下属要学会换位思考，站到对方的立场去想问题，这样双方的合作就会十分愉快。一旦你真正消除了抵触心理，你就会觉得你们更像是伙伴而不像是上下级。作为伙伴，领导会委托给你更多更重的任务，使你有更广阔的发展空间。

## 为什么说表扬孩子未必都是好事

表扬，是家长对子女进行教育时常用的手段。表扬的形式很多，例如：肯定、赞许、期待、激励、物质奖励，等等。正确使用表扬，将会收到令人满意的效果，但是，有很多家长却不懂得表扬的方式方法，这样不仅不能使表扬产生积极的作用，反而带来了弊端。

有一位家长对自己上小学六年级的孩子说："如果你这次考上

重点中学，就给你买电脑。"果然，孩子考好了，得以如愿。但是后来的一个学期孩子忙于玩电脑游戏，不做作业，期末考试成绩很不好。这时候，家长才意识到：买电脑来刺激孩子学习的方法欠妥。

这个例子中，该家长单纯以物质奖励来刺激孩子的学习，结果适得其反。因为孩子的心智尚未成熟，很多时候对自己的欲望缺乏自制力，以物质来刺激孩子，可能让孩子形成一种错误的学习动机，即只为了得到物质奖励而学习，这对于孩子长期的发展是不利的。所以，要注意采用"精神奖励为主、物质奖励为辅"的奖励方式。

在表扬的过程中，家长需要注意哪些问题呢？

第一，要营造良好的表扬氛围。表扬如果是在良好的气氛下进行，能增强孩子的荣誉感、责任感、进取心，反之，则收不到好的效果。

第二，应该重视做人方面的表扬。有些家长很重视孩子的学习成绩，一旦孩子考试成绩好，就大大加以赞扬，给予物质奖励。而有的孩子常常助人为乐，却往往得不到家长的表扬。其实，孩子在生活与学习中，只要有了好的表现，就要进行表扬。

第三，表扬方式要多样化。单一的表扬方式，不仅激发不了孩子的学习热情，时间一长，还会引起孩子的厌烦。

第四，表扬要实事求是。孩子的微小进步都值得给予肯定，但表扬时要实事求是。如果家长对孩子微小进步评价过高，就容易使孩子滋长骄傲自满情绪。

第五，表扬要因人而异。表扬时，要视孩子的具体情况而定。如果对于一个成绩原来在下游的同学，那么当他争取到中等的成绩时，家长应该及时给予表扬和鼓励，让他们看到自己的进步，并因此树立信心，再接再厉。如果一味地要求孩子一定要考到前三名，才能得到表扬或奖励，那么可能会影响孩子的学习积极性。

总之，只有了解了孩子的心理需求，投其所需，才能真正收到良好的表扬效果。

## 为什么逆耳的话要先说

工作和生活中，难免有不小心伤害他人的时候，难免有需要对他人进行批评指责的时候，在这些时候，假若处理不当，就会破坏自己在他人心目中的形象。有些时候，两句话先说哪一句看起来都无妨，可你万万想不到，改变说话的顺序，对别人的心理影响却大不相同，这时，先说逆耳的话，再说表示友好的话，对方往往比较容易接受。

这就是心理学上的冷热水效应。我们不妨来做一个实验：准备三杯水，一杯冷水，一杯热水，还有一杯温水。先将手放在冷水中，再放到温水中，你会感到温水很热；但是如果你先将手放在热水中，再放到温水中，就会感到温水很凉。

同一杯温水，温度并没有发生变化，为什么出现了两种不同的感觉呢？这种奇妙的现象就是冷热水效应。

人际交往中，我们要善于运用这种冷热水效应。

刘女士很少演讲，一次迫不得已得对一群学者、评论家进行演说。她的开场白是："我是一个普普通通的家庭妇女，说不出什么精彩绝伦的话，因此恳请各位专家见谅……"经她这么一说，听众心中的"秤砣"变小了，许多开始对她持怀疑态度的人，也开始专心听讲了。简单朴实的演讲结束后，台下的学者、评论家们都认为她的演讲很成功，都报以热烈的掌声。

当一个人不能直接端给他人一盆"热水"时，不妨先端给他人一盆"冷水"，再端给他人一盆"温水"。

在谈判中，我们也可以运用冷热水效应，促使对方欣然接受某个条件。

因工作上的需要，经理准备让家居市区的推销员小王去近郊区的分公司工作。在找小王谈话时，经理说："公司研究，决定让你去担任新的工作。有两个处所，你任选一个。一个是在远郊区的分公司，一个是在近郊区的分公司。"

小王虽然不愿离开已经十分熟悉的市区，但也只好在远郊区和近郊区中选择一个稍好点的——近郊区。这也与经理的想法不谋而合。

在这个事例中，"远郊区"的呈现缩小了小王心中的"秤砣"，从而使小王心甘情愿地去接管近郊区的工作。

当事业出现滑坡的时候，不妨预先把最糟糕的事态委婉地告诉别人，以后即使失败了也还有信誉在，等到时来运转时就可以东山再起了；当要说令人不快的话语时，不妨事先声明，这样就不会引起他人的反感，使他人体会到你的用心良苦。这些运用冷热水效应的举动，实质上就是先通过一二处"伏笔"，使对方心中的"秤砣"变小，如此一来，对方的承受能力就变大了。

# 第三章

# 追随情感，偏听偏信

## 为什么我们都有情感偏见

我们已经看到了，人们处理信息会受其情感和偏见的影响。人们会在买了新车之后搜寻更多关于此车型的信息。选择丰田凯美瑞混合动力车之后，人们就会希望了解更多关于此车的信息。很明显，人们并不是想要了解更多他们已经买的车，而是想要寻求证据以确认自己确实做出了正确的选择。

偏颇吸收部分源于我们降低认知不和谐的欲望。我们搜索并相信我们乐于看到的信息，我们避免并排斥令我们心烦的信息。一些谣言很有趣，令人兴奋。也许只是因为一点点兴奋与激动，人们就愿意相信这些谣言。即便谣言令人愤怒，人们也可能因为愤怒而相信它们。当人们普遍愤怒时，情况就变得比较轻松甚至好玩。因为在某种程度上，这种普遍的愤怒一定有特定的背景和根据。另一些谣言是令人心烦的，甚至带有少许恐怖意味，人们倾向于认为这种谣言是虚假的。

有关死刑和同性关系的研究很好地说明了这一点。当人们显示出偏颇吸收时，动机因素通常在起作用。如果人们有动机相信那些与他们的观点相符的谣言，不相信那些与他们的观点相左的谣言，那么这样的研究结果不足为奇。社会科学家曾提出"反证偏向"的信念，即人们会尽力反证与自己最初观点相冲突的论断。如此就很容易理解当我们背后有动机驱使时，为何均衡信息只能强化我们最初的观点了。

但是故事还没有结束。为了看清缺位的内容，让我们假设这个社会由理智的和不理智的两类人组成。这两类人都坚信既有观点。假设理智的人坚信某些观点，如真的发生过大屠杀。假设这些理智的人读到了有关这个问题的均衡信息。

对于理智者来说，那些支持他们最初观点的材料不仅看起来更加可信，那些资料也会为他们提供一些细节，从而强化他们之前的想法。相比之下，那些和他们最初观点相左的材料则显得难以置信、不知所云、居心叵测，甚至有些疯狂。结果是这些理智者的最初观点被进一步强化。借助均衡信息，他们获得了对自己既有观点的新的支持，而全然无视那些颠覆自己最初观点的材料。

当然，在不理智的人身上，我们会看到相反的情况。这些人的最初观点是大屠杀没有发生过。为了了解不理智者为何会这样认为，我们不需要讨论他们的动机，只需要分析均衡信息对他们最初观点的影响。即便理智者和不理智者都没有情绪化地坚持他们的观点，而只是读了有关他们既有观点的均衡信息，他们也会偏颇地处理这些信息。

这种解释有助于我们理解偏颇吸收发生的时间和原因。前提有两个：坚定的既有观点和带偏见的信任。当人们自己的观点不强烈并且两面都信任的时候，他们就会受所读所闻的影响。假如你对纳米科技没有特别的认识，并且你听说这种技术会带来严重危害。假如接下来有人向你提供了均衡信息，证明这种说法是错的。如果你之前没有持任何特别的观点，那么在听到均衡信息之后，你之前相信这种说法的意愿就会被弱化。如果你对支持和反驳这种说法的正反两方面信息都相信，你将不会断定其中一方误导或带有偏见而抵制这些说法。对于大多数谣言来说，大多数人都不会有强烈的既有观点，而且不会只信任一方而不信任另一方。在这种情况下，不同观点最终会趋向真理。人们会听取不同意见并根据听到的意见决定自己的立场。

相反，理智者和不理智者会有选择地相信一些人，而不相信另一些人。当他们读到有关正反两方面信息的资料时，一点也不奇怪他们会接受支持他们自己观点的那部分材料，而忽视反对自己观点的那部分材料。

以下这点很重要。如果你想改变人们的既有观点，最好的做法不是给他们看对手和敌人的信念，而是给他们看那些与他们的立场相近的人的观点。假设作为共和党人的你听到了一则有关民主党官员的令人震惊的谣言。如果民主党否定这则谣言，你可能不为所动；但如果共和党出来辟谣，你也许会重新考虑。一个压制谣言的好方法就是去证明那些本该相信谣言的人实际上并不相信那些谣言。

假设不理智的人认为没有发生过大屠杀。在读了纠正这种说法的相关文章后，这些人可能会有些质疑。第一，这些纠正可能把他们激怒并令他们为自己辩护。果真如此，就会产生出认知不和谐，从而使这些人坚信自己本来的看法。第二，对于那些不理智的人来说，这种纠正的存在本身就会令他们坚信自己的最初观点。假如没有必要，为何自找麻烦去纠正？也许那些支持纠正说法的人太刻意这么做了，以至于他们的纠正反而证实他们否认的事确实存在。第三，这种纠正也许会让人们的注意力集中在有争议的问题上，而这种集中本身也会强化这些人最初的立场和观点。

很多研究都证明，越是提供给人们一些信息告诉他们不用担心他们认为有危险的事情，他们越会害怕。应该这样解释这个有趣的发现：当注意力集中在风险上时，人们的恐惧程度就会增强，就算他们看到的信息是提醒他们风险会很小的也一样。即便危险不太可能发生，人们也很怕去思考危险。谁也不愿意听到自己未来 5 年有 1% 的可能性会死于心脏病，或者自己的孩子有 1% 的概率会得白血病。所以，也许给人们看纠正虚假说法的报告反而会引起人们对虚假报告的注意，强化人们认为"虚假报告也可能确有其事"的观点。

## 是什么令我们信数字多于信自己

当我们在做数学题时，如果使用不同的方法两次计算的结果不一样时，人们总是毫不犹豫会认为自己的计算出错了。因为我们偏颇地确信计算结果应该是一致的，数字本身不可能自相矛盾。

为什么我们应该相信数字而不是自己呢？我们一起来分析其中的原因：众所周知，数学法则肯定是具有一致性的，因为它们在逻辑上都是真实存在的，在逻辑上真实存在的论断不会相互矛盾。

当然，我们要相信数学法则的一致性，首先必须相信数学法则在逻辑上是真实存在的，同时还必须相信数学法则是实实在在的。一列数字只会有一个和，这个论点是真的，仅仅是因为数学法则是真实存在的具体事物。这就很容易让我们的认知偏向于数学所呈现的数字。

既然自然数存在，那么数学法则也是真实存在的。与之相比，其他证明办法都基于那些不太能够达到不证自明境界的原理。如果你跟 99.8% 的数学研究者一样，跟 99.8% 的用过计算器的人一样，就会相信数学法则的一致性，这几乎肯定是因为我们发自内心地相信自然数从某种重要意义上来说是真实存在的。

诚然，"真实"这个词用在这里有些含糊。如果我们想理解得更深刻一点，让我们给它下一个定义："自然数是真实存在的"就意味着数学法则是具有一致性的。

尽管我们相信自然数是真实存在的，却无法找到任何有力的证据来证明这一信念。亚历山大·叶塞林·沃尔平是一位偏执的数学家，他曾提出了"叶塞林·沃尔平理论"：因为我们没有大量的经验，所以我们无法判断它们是否表现得具有一致性，甚至我们无法判断它们是否真实存在。

根据"叶塞林·沃尔平理论",我们应该只去关注那些"小到足够让人思考的地步"的数字。这种理论被视为"极端有限主义",而且几乎没有数学家会去认真对待它,当然更别提去认同了。亚历山大·叶塞林·沃尔平的对"真实"的偏颇吸收,引来了广泛的争论。

为了反驳这种"极端有限主义",主流数学家提出这样的问题:"我们究竟如何来判断那些数字属于'小到足够让人思考的地步'的范畴呢?或许一两位的数字肯定算,而30位的数字就不算。那么,界限到底应该是多少位?"

著名数学家、斯坦福大学教授哈维·弗彼得曼曾试图批驳"叶塞林·沃尔平理论",他说:"我从2开始,询问他这个数字是否'真实'或者能让人感到'真实'的效果。他几乎立即表示同意。然后我询问4,他仍然同意,但略有停顿。接下来是8,他还是同意,但更加犹疑。反复这样做,直到他处理这种讨论的方式已经很明显了。当然,他已经准备好回答'是'了,尽管他在面对2的100次方时要比面对2时犹疑得多。(2的100次方就是一个30位的数字。)除此之外,我也没办法这么快就得到这个结果。"

几乎每个数学家在面对大数字的真实性时都与弗彼得曼持有相同立场,几乎没有人和叶塞林·沃尔平站到一边去当"极端有限主义者"。最后,弗彼得曼和叶塞林·沃尔平达成了共识。我们不但相信数学法则,也相信代数、几何和数学的其他部分是真实可信的。但我们几乎没有丝毫逻辑理念和证据来支持这种信念。

　　经过深思，我们还是可以了解这种没有逻辑和证据支持的信念，这似乎并不奇怪。毕竟，蜘蛛知道如何织网，并不需要去寻找"第一定理"来推断出织网技术或者认真观察其他蜘蛛的工作过程以便推断出来。从原则上来讲，我们找不到反对人们硬生生地理解数学的理由。

　　也许可以辩解说蜘蛛的本能反应是下意识的。

　　那么，我们的信念必须满足一些其他的基础，然后才被划分为信仰、直觉、本能、启示或者"超感官知觉"等。其实，这一切或许正是因为人类的大脑是由很多相连的部分组成的，这样说只是人们的错觉但也可能是真理。

　　质疑这些的一个重要原因是，他们之间存在着太多分歧，以至于无法在细节上达成一致。数学真相容易被那些直觉敏锐的人理解，这一点已经由不同时代、不同地点的不同的人以不同的方式证实过了。

　　1888 年，伟大的德国数学家大卫·希尔伯特证明了自己的"基础命题"，这个命题标志着现代代数的创立。他通过"将无限集合当成具体的对象"这一前所未有的创举做出了证明，他的学术对手保罗·戈尔丹对此嘲笑说："这好像不是数学，而是神学了。"然而，这一技巧创新几年后就带来了丰硕的研究成果，甚至戈尔丹也不得不承认"神学也有用处"。

　　总之，在数学领域存在着正确的命题。"正确"并不意味着"可以被证明"，而仅仅意味着通常意义上的正确，更多的甚至可以说是固执偏向。但是这些命题必须跟自然数体系有关才能是真实的。此外，这些命题都是正确的。因此，自然数在人们发现它们之前也是存在的，而且无论人们是否发现它们，自然数都是真实存在的。这样的数学命题深奥，但我们不得不承认，它来源于某个人的偏颇"研究"。

## 为何"自我交谈"让选择无偏颇

一般来说，一个人信心不足时，是体内两部分在相互斗争中，内在的批评者会在特定的场合使一个人表现失常；而信心陷阱会不停地消耗着一个人的自我信念和乐观精神。

我们的头脑时时刻刻都在评价我们自己的表现，或是给我们提建议，或是对周围发生的事情进行解释。心理学家称之为"自我交谈"。理想的情况下，这种自我交谈可以帮助我们正确地看待事物，振奋精神，并且在不熟悉的环境里给我们安慰，当感觉受到威胁、遭遇危险时，这种自我交谈就会变得丑陋。也就是在这个时候，我们原本正确看待的事物受到干扰，对于信息的选择也就变得偏颇。于是，批评取代了建议，乐观变成了悲观。这时的自我交谈就成了一个批评者。

尼古是一个科技公司的高管，现在他变得越来越糟糕了。公司的人力资源经理对其进行了评测，测评的结果显示尼古垄断信息，很少让他的团队参与决策。他不愿分派责任和权力，总是亲自承担最重要的任务。这让他的下属们感觉他总是将他们拒之门外，并觉得尼古对他们没有信心。他们抱怨说他们被剥夺了权力，而且和他们的老板之间没有任何积极的联系。然而他自己却否认，他说自己其实很信任他的团队，但是涉及一些重大项目的时候，放弃控制权会让他感到焦虑。

他的问题根源在于缺乏自信。为了验证这种判断，人力资源经理让他在其后的几天内每天都写一篇日记，记下那些让他感觉自信受到威胁的情况以及他在这些情况中的感受。

一个星期后，确认让他内心的批评者出现的先发情况是一些让他感觉失去控制权的局面。比如他在日记中写到，有一次，他等着两个下属就他们正在编写的一份报告向他汇报情况，而他只能等着他们主动和他联系，这使他的工作停顿下来，并使他很难在最后期限前完成手头的任务。他的自我交谈揭示出他倾向于把由于失去控制权而引发的问题放大化，同时把他应对问题的能力缩小化，而且他还爱进行情绪化思考，认为自己的消极想法是对事情真实状况的反映。

确定"内心批评者"的来源并不总是很容易的，但是对三个方面进行观察和分析可以帮助做到这一点。这三个方面可以概括为 A、B 和 C。A 表示先发情况，即导致这个批评者出现的那些事件和情况；B 表示影响我们思考和感受的行为；C 代表产生的行动或后果。上面的对尼古的辅导过程，可以"挖出"其内心的批评者，使其工作更有效率。

尼古管理的营销部门负责公司的一些重要的营销工作，团队成员分布在各大城市，都具有独立的思考能力，能够在最少的监管下进行工作。这使他形成了一个有益的内心图像，当他感到自己内心的批评者又开始蠢蠢欲动时，这个图像可以对他有所帮助。看着自己用白纸黑字记录下来的行为和想法，尼古不得不承认他对自己和他人缺乏信心，并认识到这是导致他总担心失去控制权的原因。用一个"内心的指导者"帮助他对自己的感受和情绪进行重新思考，让他在失去控制感的情况下不再做出情绪化的反应。

　　通常情况下，自我否定是暂时的，但对那些本来就容易悲观的人来说，这些负面的想法往往会演变成一种对生活的自动反应，成为一种常态。这时，每件事情都被看成是一种威胁，我们应学会自我调节，减少对自身价值的侵蚀。

第四章

# 高估未来的收益

## 为什么热衷彩票投注

无论是心存侥幸还是报着娱乐的态度，相信很多人都有买过彩票的经历。尽管我们自己很明白，只在梦里才有中 500 万的希望！但是这并不妨碍我们对中奖的美好幻想。因为我们并不是绝对没有中奖的希望。

正是这种"感觉这次能中"的想法，让人们无法抗拒地一次又一次购买彩票，想赌一把运气。可每次开奖却都是事与愿违。那么人们为什么这样沉迷于如此低概率的事件呢？或许下面的实验能给你答案。

斯金纳曾设计了这样一组实验：在箱内放进一只白鼠，并设一杠杆或键，箱子的构造尽可能排除一切外部刺激。白鼠在箱内可自由活动，当它压杠杆或啄键时，就会有一团食物掉进箱子下方的盘中，白鼠就能吃到食物。箱外有一装置记录动物的动作。

实验一：每按三十次按钮就喂食一次；实验二：与按钮次数无关，随机喂食，观察白鼠在哪一种情况下的总按钮次数最多。

结果显示：实验一中，白鼠得到食物后，会休息片刻，必要时做出反应，在实验二中，因为无从得知食物何时滚下，所以只能持续按钮，不能休息。特别是在实验二中，一次滚出来的食物量越多，白鼠在不再滚出食物的情况下，仍然继续按钮，这种行为不易消失。实验二的白鼠不放弃滚出食物的期望，按了一百次，按了一千次，不停地按了按钮。

斯金纳通过实验发现，动物的学习行为是随着一个起强化作用的刺激而发生的。斯金纳把动物的学习行为推而广之到人类的学习行为上，他认为虽然人类学习行为的性质比动物复杂得多，但也要通过操作性条件反射。

操作性条件反射的特点是强化刺激既不与反应同时发生，也不先于反应，而是随着反应发生。有机体必须先作出所希望的反应，然后得到"报酬"，即强化刺激，使这种反应得到强化。学习的本质不是刺激的替代，而是反应的改变。斯金纳认为，人的一切行为几乎都是操作性强化的结果，包括购买彩票。

事实上，实验二的白鼠正是被操作性条件反射操控了，这种心理和赌徒的心理很相似。明明知道成功的概率极低，人们却仍高估成功的概率，不能从痴迷状态中摆脱出来，专注于某种行为。正如赌徒哪怕一时尝到甜头，就难以抗拒赌博的诱惑。

赌徒有自己的一套理论——赌徒谬论，其特点在于始终相信自己的预期目标会到来。就像在押轮盘赌时，每局出现红或黑的概率都是 50%，可是赌徒却认为，假如他押红，黑色若连续出现几次，下回红色出现的概率就会增加，如果这次还不是，那么下次更加肯定，实际上每次的机会永远都是 50%。

彩票是一种小概率中奖事件，没有深入研究，没有进行有效选择，仅仅靠资金和运气在彩票上持续做大投入是不明智的。人们之所以无法抗拒地不断买彩票，往往以为自己就是那个幸运的人，尤其是当中了一次 5 元的小奖时，人们就以为能中小奖就有可能中大奖，甚至坚信大奖就在下一次。

著名经济学家张五常说过："正常的投机，本质上是对市场机会的预期，就人的逐利本性来说，无可厚非。投资为赚钱，投机也为赚钱，两者无道德高下评判之分。"而彩票这种投机太讲运气了，投机机会和风险共存。

如果我们购买彩票时，抱着不中头奖誓不罢休、"不到黄河心不死"的态度，最终可能会落一个倾家荡产的结果。因此，请大家不要沉迷于此，懂得适时收手。


## 为什么死抓跌股不放

炒过股票的朋友可能都有过这样的心理，当所持的股票突然下跌时，人们最初往往并不急于抛售，而是持一种观望的态度。当股票一跌再跌，人们这时却决定继续等待，以期待出现高涨的奇迹。

身在局外的我们通常会有这样一个疑问，与其让股票继续下跌增加损失，为何不立即抛售，尽可能地减少损失呢？心理学家认为人们对"财富"变化有这样一种心理：人们对同样的财富数量的损失和赢利，其"感受"是相当不相同的。一定数量"损失"所引起的"负效应"大于同样数量"赢利"所带来的"正效应"，这种损失的更敏感的现象就是"厌恶损失"。

心理学家认为当人们在面临同样大小的利益和损失时，来自损失的压力比来自利益的幸福感高出约两倍。

另外，"厌恶损失"心理还会导致一些赌客在输钱的时候，有一种"不惜一切代价"都要竭力避免损失的心理。抱着这种心理，这些人无法把握自己逐渐丧失的理智，偏要抓住"已经失利的局面"不放，最后就是越输越多，直到一败涂地。

因此，当股价上扬的时候，我们更愿意选择稳定收益，马上卖出手中的股票，满足于小小的利益。相反，当股价下滑的时候，则盼望股票再次上涨，放弃稳定，选择风险。人们受到这种倾向的影响，会产生想把遭受的损失降到最小的心理，但最终却容易遭受更大的损失。

在股市里要想一直保持清醒的头脑，在情绪起伏不定面前，要以最快的时间做出对自己相对最有利的决策。除了避免"出手涨势股，死抓跌势股"的心理，我们还要了解下面几种不利的炒股心理。

第一，过度自信。心理学研究表明，人们总是对自己的知识和能力过度自信，投资者往往过于相信自己能够"把握"市场，把成功归功于自己的能力，而低估运气和机会在其中的作用。证券市场的巨大不确定性使投资者无法做出适当的权衡，非常容易出现行为认知偏差。市场上的很多异象都是由投资者的过分自信造成的，最典型的投资者行为是过度交易，推高成交量，导致高昂的交易成本，从而对投资者的财富造成不必要的损失。

第二，从众心理。经过反复思考后终于决定要在第二天早上卖出手上的股票。但当他踏入市场后，却又耳闻其他投资人对后势持乐观看法。就在这一瞬间，他马上变卦，反而又买进了新的股票。实际上，即使在一群特别聪明、相当沉稳多虑的人当中，从众心理仍然能够发挥作用。这也是造成市场成交量持续高位的一个原因。这种情况表现为在某个时期，大量投资者采取相同的投资策略或者对于特定的资产产生相同的偏好。这也就是所谓基金重仓股和券商重仓股的奥秘：基金扎堆，散户也扎堆，一出现恐慌性抛盘，只要有一个大单砸下，就会引起疯狂的跟风操作。

第三，自归因。自归因是指人们总将过去的成果归功于自己，而将失败归因于外部因素的心里特征。投资者通常将投资成功归功于自己的能力，而将投资失败归咎于外部的不利因素。例如很多人将自己投资失败、深度套牢归咎于听信某些小道消息的错误，而赚了钱则归功于自己准确无误的判断，而下次再出现小道消息的时候，依然确信不移，继续进入庄家编好的出货套，高位接盘。

第四，过度反应。指投资者对最近的公司信息赋予过多的权重，导致对近期趋势的推断过度偏离长期平均值。投资者过于重视新的信息，而忽略长期的历史信息，而后者更具有长期趋势的代表意义。

## 为什么关键场合会发挥失常

有些名列前茅的学生在高考中屡屡失利，有些实力相当强的运动员在赛场发挥失常……诸如此类的事情屡见不鲜。人们往往把原因归咎于心理素质不好，其实主要原因是失心过重造成的。心理学家把这种情况叫作"詹森效应"，即平时表现良好，但由于缺乏应有的心理素质而导致正式比赛失败的现象。

现代社会是一个到处充满压力的社会，有求学的压力，有家庭的压力，有工作的压力。于是，压力成了人们心灵的羁绊，如果摆脱不了这个压力，那么很难获得成功。

世界上不存在任何没有压力的环境。要求生活中没有压力，就好比幻想在没有摩擦力的地面上行走一样是不可能的，关键在于怎样对待压力。因此，现代人要么学会控制压迫感，要么走向事业的失败。

要想在生活中崭露头角，不被压力压垮，就需要我们把压力变成动力，沉着冷静，才能获得最后的胜利。我们不怕能力上不如别人，怕的是打不垮我们心中的魔鬼。

良好的心理素质在某些关键时刻起着决定性的作用。那么，我们如何避免詹森效应呢？

第一，认清现状，理性面对。要想避免詹森效应，在平时就应当注意矫正这些不正确的想法，养成以平常之心对待生活中的"竞赛"的良好习惯，减少紧张情绪，更好地发挥出自己的水平。

许多带有焦虑、紧张的人经常对自己或对别人说："我必须不惜一切代价保证成功。""如果我失败了，我会很丢脸。""如果发挥得不好，我的前程算是毁了。"这些话纵然能增强我们奋进的决心，但也容易引起焦虑，不利于正常水平的发挥。

第二，平常心对待。要想避免詹森效应，就要平心静气地走出狭隘的患得患失的阴影。不要总是去贪求成功，而是只求正常地发挥自己的水平。人生的"赛场"是高层次水平的较量，同时也往往是心理素质的较量，"狭路相逢勇者胜"，只要树立自信心，一分耕耘必定有一分收获。

## 为什么相信商家的"免费午餐"

随着社会的多元化、商品的多变化、营销的多样化，消费者掉入消费陷阱、甚至产生消费纠纷的情况愈来愈多。日常生活中，我们可能会有这样的感觉：没买什么东西，但银行卡里的钱却转瞬即逝。

其实，消费陷阱让人们在不知不觉中花了不少冤枉钱。如何提高警觉，少吃亏上当呢？这就要求我们要熟知众商家的"消费陷阱"，在消费时看透他们的伎俩。

第一，危险的限量销售。在各种各样的广告中，我们经常会听到"限量销售"的宣传。实际上，真正限量销售的比例很少。大多是想让顾客感到这种商品的"稀缺性"，例如，"每位顾客限购两个"，这就是一种激发顾客购买欲望的策略。

实际上，即使不限定购买数量，真正一次性购买三个以上的顾客也非常少。然而，有了数量上的限制，顾客会认为这是一种畅销商品，从而纷纷前来购买。即使自己只需要一个，也会买上两个。因为他们感觉过了这个村就可能没这个店了，从而丧失理性赶快购买。

第二，没有免费的午餐。我们经常在一些大型商场或超市的广告中看"免费"的字样，实质上商家的最终目的是实现利益最大化，怎么可能白白让消费者占便宜，他们不过是利用"免费"借口来带动更大的"消费"。

电视购物已经深入我们的生活，打开电视，你会发现很多频道都在播放购物广告。当电视中的推销人员介绍完商品的种种特性又公布了价格之后，有兴趣的观众就会开始盘算要不要打电话订货。就在这时，推销员会不失时机地补充一句："还有赠品哦……"听到这句话，刚才还犹豫不决的观众，大多数已经决定要了。

第三，价格的蹊跷。现在有很多广告打出的商品价格比较便宜，可是当我们真心想去消费的时候，就会发现价格会高出一点，而我们却也不愿因为这点差价放弃购买这个商品或者服务。

第四，包月"陷阱"。很多商家总是向消费者介绍某种产品的种种好处，尤其是手机方面最为明显。例如，一些包月的收费项目并不像我们想象的那么完美。所以在放心大胆地消费之前，首先一定要清楚这个包月项目所涵盖的内容，不然拿到账单定会痛心疾首。

如果要订阅手机报和一些网络杂志，在订阅后网站都会让我们更新。有时候我们却因为过期等原因而不得不重新订阅一遍，这又是一笔开销。

第五，预付费消费有风险。如今，很多行业推出"预付费式"消费方式,以办理"会员卡""贵宾卡"等方式,推出了各种美容卡、健身卡、洗衣卡、洗车卡等预付费式消费卡。哈佛大学最近的一项调查表明,报名参加健身中心可以成为健身者不锻炼的最佳理由。健身者不但不会在跑步机上跑步,每月还得多交29美元。

不仅如此,许多消费者在被"贵宾卡""会员卡"绑定之后,也招来了诸多烦恼,被侵权的事情时有发生,甚至出现不少黑心商家借此"圈钱"的事件。

第六,网购其实不方便。我们都觉得网上购物方便,事实上网购由于消费者不能直观地感受或体验商品,如果造成视觉偏差或失误,消费者选择退货或调货都要再花邮费的。

当然,商家们的消费陷阱还不止以上这些,在此提醒广大的消费者在购物时要擦亮慧眼,远离"消费陷阱"。

第五章

# 过度执着和疯狂

## 为何有那么多人迷失在网络里

　　网吧在我国几乎随处可见。无论是在城市还是在农村，找间网吧比找家书店容易得多。许多孩子沉迷于网络不能自拔，甚至出现了心理问题。

　　小阳是某初中的初三学生，在上网成瘾之后服毒自杀。学校一片哗然：该学生成绩一直都很好，曾经拿过市级的三好学生。这样的好学生为什么也会自杀呢？

　　小阳在留下的遗书里详细说明了自己成绩滑坡的原因，也解剖了自己陷入网络后欲罢不能的矛盾心理："上网成瘾后，意志衰退了，学业也丢了。我对不起父母，对不起学校，对不起自己曾经树下的理想。我恨自己，也想过重新振作，但就是无法从网络中解脱出来，我现在唯有一死，才能得到彻底解脱。"

有媒体爆料：我国 20% 的青少年患有网络中毒症。它已成为青少年身体、身心健康的一大杀手。不健康网络游戏的泛滥成灾，使挽救"毒瘾"发作的孩子们已成了家长、学校、社会重大而紧迫的课题。

我们在痛惜的同时，也在思考：孩子们为何会沉溺于此？

一方面，孩子天性好奇、好玩，对周围的事物都想尝试一下。而目前我们的社会提供给他们的环境，日渐堪忧。加上现在的孩子多是独生子女，无人陪同玩耍。孩子无处可去，要么就是游戏厅，要么就是网吧。

另一方面，父母忙于工作，有的父母干脆让孩子留在学校不让回家，出钱请老师长期代管；有的则因生存状况差而忙于生计，孩子学习之余干了什么，根本顾不上。于是孩子整天沉浸在网络中，也没有人及时给他们开导，直至上网成瘾，难以自拔。

那么，我们应该怎样去教育和帮助孩子，让他们有节制地上网呢？下面专家的一些建议，可以给我们一些启示。

首先，对于刚开始"触网"的孩子，我们家长要做好以下防范措施：

一是要为孩子建立有效的"防火墙"，加密锁掉不良网站。

二是要与孩子共同制定"游戏规则"，控制上网时间、内容，保持与孩子的正常沟通。

三是父母也应以积极的心态学习互联网知识，只有自己"升级"，才能有效地监管和合理地引导孩子，使孩子在充分享受互联网带来的好处时，最大限度地降低它对孩子身心健康的不利影响。

其次，对于已经痴迷于网络的孩子，我们家长要注意教育和开导的方法方式。

面对众多已有网络中毒症的孩子，简单粗暴地强迫孩子远离互联网是行不通的，切不可采取极端的做法。孩子在15~17岁时属于道德伦理、法律意识、自控力等各个方面还很不完善的阶段，这个阶段孩子最大的特点就是叛逆。家长任何过激的言行都可能导致孩子离家出走，甚至被逼上绝路。孩子越是疯狂上网，家长越是要关爱孩子。一旦发现孩子出现异常，情况不可逆转，一定要求助于心理医生。

网络的可怕不在于网络本身，而在于我们对孩子的疏于管理，只要多和孩子沟通、给他们足够的关爱、及时开导他们，让他们适当地使用网络，那么网络也可以给孩子带来快乐、帮助他们成长。

## 为什么会迷恋名牌、崇尚权力

品牌消费，是一个高端消费，意味着需要付出大量的金钱。可并不是所有人都能负担得起高额的消费，特别是当购买品牌产品已成痴迷的时候，很多人就很有可能出现经济危机。

26岁的金小姐参加工作仅两年月薪就已经1.5万，足够一个人花销，甚至还能存起来一些。可是不久前，她因信用卡透支20多万而无力偿还，变成一个信用不良的人。由于她从一开始工作就养成了买名牌的习惯，尽管她一直告诫自己"我一定要忍住，一定要忍住"，可每当经过高档百货店的名品柜台时却怎么也无法控制自己的欲望。短短两年时间，她购买的包包和皮鞋足有好几十种，样样价格不菲。

"每天心里都想着名牌，眼里除了名牌什么也看不到。虽然其他的商品也很漂亮，朋友也对我说我看中的那个东西很一般，但是我就是觉得只有那个看上去最漂亮。当我真正拥有它的时候，那种心情真是无法用言语表达的。"

于是，信用卡分期付款的金额越来越多，每到还钱的时候，她就靠错开信用卡结算的日期归还欠款，勉强渡过难关。甚至，她已经多次向父母求助。刚开始父母还会给她钱，可是当这种情况一而再再而三地出现的时候，父母也无能为力了。

其实，不仅是 20~30 岁的年轻女性，甚至连那些初中生、高中生也开始狂热地追求各种名牌。像金小姐这样的人其实大有人在，虽然有些人刚开始只是为了发泄一下情绪而购买名牌，而一旦形成习惯，就算对他们造成了很大的经济负担，他们也不懂得节制。与其说他们喜欢使用名牌，还不如说他们是喜欢购买名牌的瞬间所获得的满足感。慢慢地，即使他们根本不需要名牌，也会不知不觉地去购买名牌。这就是"名牌中毒者"的典型特点。

在竞争日益激烈的现代社会，越来越多的人倾向于根据穿什么品牌的衣服，开什么品牌的车以及在哪里买房子等来辨别人的身份、地位。受到这种趋势的影响，人们开始越来越注重自己的外表。为了克服在激烈的竞争中落伍而产生的疏远感和自卑感，人们不是审视自己的内心，而是想通过华丽的外包装来掩盖内心的脆弱。

其实这大可不必。真正物质生活充裕、内心世界丰富多彩的人是不会那么喜欢购买名牌的。想要找回被名牌俘虏的自己，就请多尝试发掘自己的优点，热爱现在的自己，热爱生活，并对生活充满希望。

名牌不是必需品，要学会正确地对待名牌，名牌只是装饰品，不要让你自己成为名牌的装饰品。

## 为何年轻人总执着于"哥们义气"

什么是"哥们儿义气"？

在更多的情况之下，"哥们儿义气"是一种小团体意识。只要我们是朋友，或者你是我朋友的朋友，就有求必应，不分青红皂白，不计一切后果，为了某个人的利益，为了一个小圈子的利益，有时甚至为了一件微不足道的小事，就大动干戈，互不相让，结果害人害己。

某中学初中三年级的李东，在学校表现良好，成绩名列前五名，品行良好，多次被学校评为三好学生。2005 年 1 月 13 日，14 岁的李东放学后照例与玩得要好的同学在一起玩。其间，两个好朋友说要去抢劫，并打赌说他不敢去。

"如果我不去，觉得有点不好。"李东说。于是，按照与朋友的约定，他找来一把砍刀赴约。

翌日凌晨 1 时许，李东与两个朋友来到离学校和家都比较远的一个烟酒店下手。当时，店面已经关门，一个朋友假装买东西将 22 岁的店主从床上叫起来，然后三人同时冲进去，将店主按住，开始抢钱和烟。店主见是三个小毛孩，便拼力反抗，两个朋友叫李东用刀砍。他为了兑现三人的约定和承诺，用刀朝店主一顿乱砍。店主送医院抢救无效死亡。

据了解，那次他们共抢得现金近300元，中档烟20余条。一个星期后，李东被捉获。李东的犯罪让老师、同学、亲戚和父母惊讶。

李东的遭遇令人惋惜，也让人觉得不可思议：究竟是什么令这位曾经是"三好学生"的少年失去理性、误入歧途？答案显而易见——不分青红皂白地执着于"哥们儿义气"。

心理学研究表明，处于青春期的青少年，随着年龄的增长，视野的开阔，他们对外界事物所持的态度的情感体验也不断丰富起来。这时的青少年十分单纯，喜欢交往，注重友情。在同学的交往中，这种感情是最真挚的。但由于一些同学缺乏正确的道德观念，分不清什么是真正的友谊，甚至把"江湖义气"当成交友的条件，而使自己误入歧途。

那么，真正的友谊与"哥们儿义气"之间的区别在哪里呢？

简单来说，友谊是人与人之间一种真挚且高尚的情感，它建立在志同道合、相互扶持的基础之上，这不仅表现在对方遭遇失败，经受挫折时为其排忧解难，也体现在对方犯错误时及时的指正。而"哥们儿义气"则不同，从心理学上讲，"义气"作为一种狭隘的封建时代观念是情感的产物。

情感是人对事物所持的态度化体验。之所以说"哥们儿义气"或"江湖义气"狭隘，是因为它判断是非的标准仅仅局限于几个人或某个小集团的圈子内，以小集团的利益为准绳，带有片面性、主观性，带有强烈的小集团的情感色彩。

总之，"哥们儿义气"是一种盲目的执着的情感。那么，青少年该如何远离"哥们儿义气"的旋涡呢？

首先，要从思想根源着手，问问自己为什么会对"江湖义气"产生兴趣。它是何时左右你的？"哥们儿义气"和我们所提倡的精神文明到底有什么差别？危害在哪里？找到了症结所在，我们才能对症下药，勇敢地向"哥们儿义气"告别。

其次，要积极培养高级情感，取代狭隘的"哥们儿义气"。高级情感如道德感、友谊感、集体感、荣誉感等。这些健康的、向上的情感一旦在你的头脑中占主导地位，那种狭隘的"哥们儿义气"就没有立足之地了。

再次，用理智驾驭自己的情感，做情感的主人。这一点是很重要的。我们之所以会深陷"哥们儿义气"的旋涡，一个重要原因是不理智。做事全凭感情冲动，不管对错，结果往往铸成大错。正确的方法是，遇事应当三思而后行，分清是非黑白，冷静分析自己的行为是否符合道德规范以及法律规范。做事前多想一想，这样，我们才不会因为一时的冲动而被所谓的"哥们儿义气"冲昏头脑，做出疯狂的举动了。

综上所述，年轻人应时刻保持清醒的头脑，分清"哥们儿义气"与友谊的本质区别，认识到"哥们儿义气"的危害所在，并不断提升自我，学会理智地分析是非对错，不盲目地执着于"哥们儿义气"，还友谊一片纯净的天空。

## 选秀成风，为何那么多人争当明星

关注选秀节目我们不难发现，参选队伍最庞大的还要数青年人，在这个群体中，更多的人是抱着一夜成名的心理参与选秀节目的。

青年时期是人生多梦的季节，在这个阶段，青年人的自我意识开始觉醒，展现自我的欲望与日俱增，对成功表现出特别的渴望。他们会努力地追逐梦想，心理学上把这个成长阶段称作"暴风骤雨的时代"，明显特点是：容易冲动、容易被新奇的事物所吸引。因此，各种各样的选秀活动恰好满足了他们的心理需求，很容易引起他们强烈的呼应。

另外，媒介的力量是十分强大的，我们在不停地接收信息的过程中自然而然会开始了解，开始关注。而娱乐界的明星是备受关注的群体之一，他们在荧屏上、在演出中、在各种社交场合的闪亮登场及出色表现，逐渐赢得了大众的认同，成为人们的偶像。偶像对许多人来说是一种榜样和楷模，寄托了他们的理想和渴望，对接近这样的偶像甚至成为其中的一份子是他们强烈的心理渴求。青少年有着较强的成就动机，娱乐界明星所取得的成就在当下的社会里更易被关注，因而他们争相去模仿和追求——选秀就成了他们实现这种成就动机最明确、最简捷的途径。

狂热地参与选秀，除了特定年龄阶段的心理原因，也有其历史原因。中国人一直觉得内敛才是为人处世的正道。但是，过于内敛会使自己很压抑，长此以往就有可能导致更为强烈的张扬和释放。人的性格其实是一个很复杂的系统，往往并非只有单一的一面。随着社会的开放，展现自我、实现梦想的途径越来越多，于是人们追求成功、张扬自我的欲望变得十分强烈，因此能一夜成名、光辉耀眼的选秀活动就成了最有吸引力的途径。

正是因为上述原因，选秀风潮才能在中国风风火火地走过了十几个年头。我们暂且不论众多选秀节目的利与弊，单从参选心理来看，渴望展现自我、渴望受到关注、渴望得到肯定、渴望获得成功是一种正常且积极向上的心理，应给予肯定与鼓励。但我们也必须清楚地认识到：几乎所有取得成功的明星背后都付出了常人难以想象的努力与代价，明星华丽光鲜的背后是一部心酸的奋斗史。因此，不付出努力，盲目且不切实际地执着于选秀，最终只会成为秀场上的炮灰。

## 他们为何对名人穷追不舍

狗仔队通常是指一些专门跟踪知名人士（例如艺人、政治人物、皇室成员、运动员等）的记者。这些人不甘于等新闻，而是主动创造新闻，名人就成了他们全天全程追击的目标。

社会越开放，人际关系越趋复杂，人们也越来越珍惜自己所拥有的空间。因为只有这块领域，人们才可以卸掉伪装，去掉设防，松弛心情，与自己的家人或爱人自由自在地相处。但是，自从有了"狗仔队"名人便无法安宁了。名人们的隐私频频遭到曝光，导致了名人与记者关系日趋紧张，冲突不断。

狗仔队为何要对名人穷追不舍，这背后是一种什么样的心理驱使他们这样做？

心理学家认为，这一现象归根结底来源于大众对名人隐私，尤其是负面隐私所表现出来的极度好奇的心理。那么，人们为什么会喜欢窥探名人的隐私呢?

第一，源于人类天生的好奇心。人刚出生时候，眼前的一切对初生婴儿来说都是未知的，于是在成长过程中我们带着浓厚的兴趣开始探寻、了解和适应这个大千世界。人类生来就存在好奇心，特别是对隐私的好奇。

第二，为了获得心理上的满足以及别人的关注。人生活在特定的群体中，需要通过不同的方式来体现自己在这个群体中的地位，以满足被这个群体其他人关注的需要。就像在一个班级里面，成绩好的学生通过取得优异成绩来获得别人的认可，成绩差的则通过做小动作或调皮捣蛋来获得同学的关注。喜欢窥探别人隐私的人，大多数也是为了向别人炫耀自己"知道得比别人更多"而获得心理上的满足，以显示自己的"能耐"。

第三，自我保护的需要。人生活在这个世界，安全的需要是最基本的需要，每个人潜意识里都有自我保护的一道防线，都有属于自己不愿为外人所知的隐私。

有位心理学家曾说:"只要人格还没有成熟，人们就还会热衷于窥探别人的隐私;只要还有欲望被深深压抑的人，就会有人挖空心思地揭露别人的隐私，借着别人的隐私，宣泄自身的欲望;只要人性还存在着缺陷，窥探隐私的喜好，就永远不会结束。"

说到这，我们就不难理解狗仔队的动机了，正是为了迎合大众这种喜欢窥探他人隐私，尤其是名人隐私的心理，为所在单位或自己带来各种经济利益，狗仔队才疯狂地，不惜代价地挖掘名人隐私，甚至不惜撕破脸皮与名人们对着干。

第六章

## 情绪受颜色影响

### 为什么酒吧的光线都很昏暗

酒吧中刺激的音乐，昏暗的灯光对追求新鲜、刺激的年轻人来说，有很大的吸引力。以新新人类自居的酷男辣妹，对于"泡吧"更是情有独钟。

为什么在酒吧昏暗的灯光下，人们不感觉到沉重和压抑呢？因为昏暗的环境可以阻隔别人的视线，因而人们可以安心地饮酒作乐。心理学家曾做过一个实验，目的是调查在明亮和昏暗的房间中男女的行为会有什么不同。结果显示，在昏暗的房间中，男女身体紧密接触，亲密感激增。也就是说，昏暗的环境可以使男女之间变得非常亲密。

在疯狂的音乐和主持人充满鼓动的呐喊下，昏暗迷离的灯光让空气中充满了暧昧，可以促进男女之间的亲密感。

心理学的实验表明，在光线暗的地方，因减少了戒备而增加了亲近感，便于双方沟通。同时，在黑暗中，对方难以看清自己的表情，也容易产生一种安全感。

当我们想与他人建立一种亲密关系的时候，就应尽量请他们到酒吧去。在酒吧里，座椅之间的距离都比较近，比较容易进入彼此的私人空间。如果长时间待在对方的私人空间中，男女双方更容易产生恋情。


## 为什么保险柜多为黑色

生活，五颜六色的色彩无疑给了我们绚丽、缤纷的感觉。人们在选择物品的颜色时往往根据自己的喜欢和第一感觉，不同的色彩给我们感觉也不相同。

有的颜色看起来使人感觉物体轻，而有的颜色看起来使人感觉物体重。例如，当我们在商场专柜看到两个款式一样的白色柜子与黄色柜子时，我们会觉得黄色的那个柜子比白色的柜子要重。

此外，即使是相同的颜色，色彩明亮程度低的颜色比明度高的颜色感觉重。例如，红色的物品就比粉色的物品看上去重，橘红色物体就比浅黄色物体看上去更重。色彩鲜艳程度低的颜色也比彩度高的颜色感觉更重。例如，同是红色系，但栗色就要比大红色感觉重。

色彩学研究者通过大量的实验分析认为，越是给人色彩深的颜色给人的感觉就越重。当我们拿一个蓝色箱子与黄色箱子相比时，蓝色箱子看上去更重。而与蓝色箱子相比，黑色箱子看上去更笨重。那么不同的颜色给人感觉到的重量差到底有多大呢？

研究人员通过实验对颜色与重量感进行了研究。结果表明色彩最重的黑色与色彩最轻的白色的相同物体相比，前者看上去要重1.8倍。相同的色彩给人的感觉也会随着周围环境以及自身状态的不同而产生差异。

例如，傍晚下班时，我们虽然背着和早晨一样的皮包，却感觉格外沉重。这就是工作了一天后感觉疲惫的后果吧。如果早晨去上班就感觉皮包很沉重的话，那你可要注意休息了。为了让自己感觉更轻松，可以换颜色浅一些、鲜艳一些的皮包，比如白色皮包。

我们冬天穿着西装时，会感觉比其他季节重。除了穿得比较多之外，也是因为冬天西装的颜色比较深，而较深的颜色也会让我们感觉重的缘故。

当然，不同的色彩给人的轻重只是一种主观的感觉，正是人们的这种感受，直接影响了色彩在生活中的使用。

冯烨和女朋友在一起好几年了，最近两人把结婚的事情提到了日程。为此，他和女朋友把所有的积蓄都拿出来，购买了一套房子。为了给自己创造一个舒适、温馨的私人空间，他们决定好好装修一下。

冯烨以简单、大气为由要求将墙刷成白色的，而他的女朋友则以追求温馨、浪漫为由要求将墙刷成蓝色。

无奈之下，冯烨的女朋友提了一个建议，卧室和客厅刷成白色的，书房刷成蓝色的，因为蓝色有"海洋"之寓意，书房刷成蓝色意指在"在蓝色的海洋求索知识"。

听女朋友说得头头是道,冯烨同意了女朋友的想法。最终他们把书房的墙壁刷成了蓝色。一切装修就绪,两人入住后却发现,他们很少坐在书房看书学习,更多的时候是在客厅卧室。他们说不清楚为什么?总之,他们的书房使用价值并不大。

有一次,一个朋友来家里玩,参观了书房无意说了一句:"你的蓝色的书房让人感觉沉重,不如客厅舒服。"冯烨这时才明白,他们之所以不在书房看书,就是这个颜色惹的祸。于是,他只得又让人把书房的墙壁颜色换成了白色。

冯烨的书房装修好后使用价值之所以不大,就是因为蓝色的房间与白色的房间相比,让人感觉压抑。的确,由于色彩与重量的关系,室内装修尤其重视颜色的选择。

一般来说,天花板采用明快的颜色,然后从墙面到床再到地板采用逐渐加深的颜色,可以制造出一种稳定感,使人感觉安全和安心。这么做的原因归根究底还是因为,在人们的感觉中颜色也有重量。

在现实生活中,我们发现不管是公司中的大型保险柜,还是影视剧中出现的巨型保险柜,大多是黑色的,这也与颜色给人的心理重量有关。

为了防止被盗,保险柜都设计为无法轻易破坏的构造,还必须尽可能地加大它的重量,使之无法轻易搬动。然而,为保险柜增加物理重量是有极限的,于是便给它涂上了让人心理上感觉沉重的深色,使人产生无法搬动的感觉。白色和黑色在心理上可以产生接近两倍的重量差,因而使用黑色可以大大增加保险柜的心理重量，从而有效防止被盗的发生。

总之，不同的色彩给人不同的心理重量，我们要合理使用颜色，让人心理更舒服，给生活带来积极的作用。


## 日本料理喜欢用黑盘子的秘密

喜欢吃日本料理的朋友，可能都意识了这一点：通常情况下，我们在吃饭时会发现用来盛日本料理的盘子多是黑色的。事实上，黑色是比较容易招人讨厌的颜色，它给人绝望、不幸、不安和封闭等的负面印象。既然如此，日本人为什么还是用黑色的盘子呢？

心理学家认为鲜艳的色彩有增进食欲的效果。例如，水果的红色和橙色，蔬菜的绿色，红烧肉的红色，生鱼片的白色和黄色配以芥末的绿色，牛肉盖浇饭的黄白搭配等让人看了就有垂涎欲滴的感觉。

食欲与颜色的关系也是主观的，这与一个人以前的经验有很大的关系。如果以前吃某一种颜色的食物时有过不愉快的经历，也许以后再看到这个颜色的食物时，就会感到反感。以日本人为例，首先日本人食物的颜色比较广泛，从米饭和面条的白色到黑胡椒和海苔的黑色，真可谓多种多样、五颜六色。因此，可以唤起日本人食欲的颜色也是多种多样的。

有些颜色的确可以唤起食欲，其前提条件是这种颜色可以让人联想到某种可口的食物，红色和橙色比较容易让人联想到美味的食物，因而是最具开胃效果的颜色，而紫色和黄绿色等则是最能抑制食欲的颜色。要想唤起食欲，食物的颜色固然重要，但餐厅的颜色与照明同样不可忽视。

当然，盛食物的器皿的颜色同样重要。黑色餐具在日本料理中确实得到了比较广泛的应用。这是因为日本人非常聪明地把人的食欲与色彩联系在了一起。黑色可以和食物的颜色产生强烈的对比，从而更加突出食物的颜色，而且日本料理的微妙味道可以在黑色的衬托下得到淋漓尽致的发挥。

现实生活中，有些人特别喜欢黑色。从心理学角度来说，喜欢黑色从性格上大体可以分为两类，即善于运用黑色的人和利用黑色进行逃避的人。前者能够在黑色中感觉到自己的理性和智慧，他们多生活在大都市，精明而干练。后者大多很在乎别人对自己的看法。他们害怕别人对自己评头论足，因而买衣服时常挑黑色，这样才不会太显眼。其实，这是一种逃避心理。比如，有的女性喜欢穿黑色，大部分时间都穿黑色的长裙和长靴，把自己包裹得严严实实的。她们希望借此营造出一种高贵、神秘的感觉。

在时装界，有不少人钟爱黑色，有更甚者只穿黑色的衣服。黑色还代表着强硬和冷酷。不过，只要搭配得当，黑色衣服也可以穿出摩登的感觉。正因为黑色没有色彩，才可以搭配出各种各样的效果。

心理学家认为黑色虽然能阻挡压力感和紧张感，更好地保护自己，但与此同时也会使自己的运气变得糟糕。因此，喜欢黑色的女性往往不受爱神的眷顾。即使碰到了自己喜欢的异性，恋爱也大多不顺利，即使有所进展，到最后也难成眷属。因此，喜欢黑色的女性谈恋爱时要多穿一些亮色的衣服。

日本人和黑色有着不解之缘。在日本料理中，经常会看到黑色的盘子，这在其他国家非常少见。此外，日本料理的食材中有不少是黑色的。

## 为什么红色电风扇越吹越热

在炎热的夏天，很多家庭都会用电风扇来消暑降温，也许我们只享受电风扇带来的凉爽，却很少注意过电风扇的颜色。那么我们现在不妨想想自己家的电风扇是什么颜色的？

电风扇一般都为白色、黑色或灰色等冷色，而且很少能见到红色的电风扇。如果家里放一台红色的电风扇，一定会有人问："怎么买了台红色的电风扇？"为什么电风扇大多是白色而不是红色的呢？难道红色的电风扇吹出的风不凉快吗？

红色的电风扇在性能上和其他颜色的风扇没有任何区别。人们之所以喜欢用白色的电风扇而不是红色，主要是因为颜色给人带来的心理效果不同。

杜敏是一个名不见经传的三流大学的毕业生，眼看着就要毕业了，她的工作还没有着落。尽管如此，她还是想在这个城市里留下来，并立志打拼出属于自己的事业。天无绝人之路，在离校的前几天，杜敏终于如愿找了一份工作——经理助理。

由于毕业在即，杜敏不能继续住在学校了，她只得在公司附近找一个单间：除了一张单人床和一张破旧不堪的书桌外，没有任何家具。因为她没有足够的钱来付房租，暂时只能找这样的房子。

盛夏到了，杜敏的房间热得让她无法入睡，无奈之下，她只得去买了一台电风扇。可是看着那个红色的电风扇，她的心情更是烦躁不安，感觉吹出的风都是热风。这是怎么了？难道是卖电风扇的那个老板骗了我，可是电风扇吹出的风很大。

于是，杜敏去质问那个老板，为什么自己从他这里拿的红色电风扇并不凉快。老板说："本来红色的电风扇就不多，也不好卖，我就降价处理了，你也是看到价格便宜才要的。再说电风扇本身又没有什么问题。"

杜敏听了老板的话，一时语塞，只得回去。这个夏天，她过得真是烦躁不安。

事实上，杜敏的红色电风扇在功能上并没有什么不好，她之所以感觉不凉快，主要是因为红色给人的心理温度比较高。因而看到红色电风扇时，会感觉它吹出的是温热的风。在闷热的夏季，这会使人更觉烦闷。

心理学家认为，颜色有让人心理上感觉暖与冷之分。色彩学上把红色、橙色、粉色划分为暖色，可以使人联系到火焰与太阳等事物，让人感觉温暖。与此相反，蓝色、绿色、草绿色被称为冷色，这些颜色能让人联想到冰和水，使人感觉寒冷。因此，还是白色、黑色或灰色等冷色的电风扇让人感觉舒服些。

暖色与冷色使感觉到的温度还会受到颜色明度的影响。明度高的颜色会使人感觉到寒冷或凉爽，明度低的颜色会使人感觉温暖。与深红色相比，粉红色看上去更凉爽；与深蓝色相比，浅蓝色让人感觉更凉爽。

了解了暖色与冷色给人的心理感受，我们就可以很好地通过改变颜色来调节人的心理温度。有些餐厅和工厂的装修为冷色调，结果到了冬季就会收到顾客或员工的抱怨，而把色调改为暖色之后，这种抱怨就大大减少了。由此可见，色彩可以起到调节温度的作用，虽然只是人的心理温度，但至少可以让人感觉舒适。

有实验表明，暖色与冷色可以使人对房间的心理温度相差2~3℃。因此，熟练掌握暖色与冷色的使用方法，我们则可以利用改变色彩来调节自己的心理温度。比如夏天，使用白色或浅蓝色的窗帘，会让人感觉室内比较凉爽。如果再配上冷色的室内装潢，就可以起到更好的效果。到了冬天，换成暖色的窗帘，用暖色的布做桌布，沙发套也换成暖色的，则可以使屋内感觉很温暖。

暖色制造暖意比冷色制造凉意的效果更显著。因此，怕冷的人最好将房间装修成暖色。


## 为什么公路上蓝色汽车少

随着人们经济条件的改善和生活水平的提高，汽车已经成为人们工作生活中最重要的交通工具，越来越多的家庭拥有自己的家庭轿车。可随之而来的是事故的频繁发生，当然这是我们所不希望看到的。

如果我们了解了颜色与事故之间的关系，就可以有效地避免或降低事故的发生率。据专业人员统计，在每年发生的汽车事故中，在各种颜色的汽车中，发生交通事故率最高的就要数蓝色汽车了。然后依次为绿色、灰色、白色、红色和黑色，等等。

色彩学上有膨胀色和收缩色。像红色、橙色和黄色这样的暖色，可以使物体看起来比实际大。而蓝色、蓝绿色等冷色系颜色，则可以使物体看起来比实际小。膨胀色可以使物体的视觉效果变大，而收缩色可以使物体的视觉效果变小。

我们可能不知道，颜色还有另外一种效果：有的颜色看起来向上凸出，而有的颜色看起来向下凹陷，其中显得凸出的颜色被称为前进色，而显得凹陷的颜色被称为后退色。前进色包括红色、橙色和黄色等暖色，主要为高彩度的颜色；而后退色则包括蓝色和蓝紫色等冷色，主要为低彩度的颜色。

前进色和后退色的色彩效果在众多领域得到了广泛应用。例如，广告牌就大多使用红色、橙色和黄色等前进色，这是因为这些颜色不仅醒目，而且有凸出的效果，从远处就能看到。正确使用前进色可以突出宣传效果。在宣传单上，把优惠活动的日期和商品的优惠价格用红色或者黄色的大字显示，会产生一种冲击性的效果，使顾客都无法抵挡优惠价格的诱惑。

蓝色是后退色，因而蓝色的汽车看起来比实际距离远，容易被其他汽车撞上。

在不同的时间段，汽车颜色的视觉效果也不相同。然而，有一点是毫无疑问的，那就是汽车颜色的可视性、前进色、后退色等性质的不同与事故率的差异是有关联的。因此，我们在路口时要特别注意对向行驶的蓝色汽车，在高速公路上要特别注意自己前方的蓝色汽车。

事实上，我们常见的汽车多为黑色、白色、灰色等，蓝色汽车最少。当然，汽车发生交通事故是由多种原因共同造成的，所以无法简单地将汽车颜色与交通事故认定为因果关系。

## 为什么办公室颜色会影响工作效率

不同的颜色，会在心理上产生不同的效果。

企业管理者发现，员工在工作中与四周的硬件环境不断产生互动，而这种互动关系影响员工的情绪与健康，例如工作场所的天花板或墙壁颜色配色太杂或太单调，都会增加员工的心理负担，影响其工作效率。

工作环境对人的心理和工作效应有着很大的影响，有关人员做了这样一个很有趣的实验。将一个办公室涂成青灰色，另一个办公室涂成红橙色，两个办公室的其他客观条件以及工作强度都一样。结果显示，在青灰色办公室工作的员工工作效率更高，情绪状态平和；而在红橙色办公室工作的员工不仅工作效率低，而且容易疲劳。

由此可见，工作环境的色彩与工作效率有着密不可分的关系。

很多大企业为了让员工能够集中注意力、有效率地工作，经常会选择灰蓝色、米白色、深蓝色和极少量暗红色、灰橙红颜色的组合来装潢布置办公室。而人事部门的办公室则可以选择带些灰度的绿色作为墙面的颜色，天花板可以选用浅乳黄色，地面可以用灰褐黄色，给员工一种温暖的感觉。

在工作场所正确运用颜色，可减少视觉疲劳及心理压力，提高员工士气，提高工作效率。心理学家认为，倘若办公室装修颜色选择不当，会影响工作效率。

　　如何设计一个舒适的工作环境呢？相关专家为我们提出了如下建议：

　　第一，业务性质的办公室。一般保险、金融等业务性质的办公室内，建议用乳白色的墙面和天花板、深蓝色地毯、蓝灰色的办公桌，墙上可以有一些带灰蓝色或者少量红色的图表，体现严谨、缜密、有效率的工作氛围。

　　第二，高级管理层办公室。高级管理层的办公室颜色，可以配以灰蓝色墙面、乳白色天花板、灰褐色地面等稳重、严谨的基础色，再适当地加一小部分表达友善的淡褐黄色或灰珊瑚红色，既可以让员工对上司产生尊敬感，又不失亲切。

　　第三，多机器设备的厂房。由于声音嘈杂，工人们在枯燥的独立色环境中工作，各机器设备多是冷色，加之噪音的干扰，给人压抑之感，致使伤亡事故屡有发生。现在很多企业清楚地划分工作区域，将各种设备都漆上绿色、橙色、黄色、红色等不同的颜色，这样一来，大大减少了工伤事故发生率，工人们的生命安全得到了保证，工作效率也大大提高了。

　　一般来说，工厂的厂房可以这样配色：天花板宜用浅色，墙壁用蓝或绿色系列，机械本身用浅灰色、绿色或土黄色，可在心理上降低噪音对员工的困扰。

## 为什么体育场的跑道是红绿色相间

我们在观察体育比赛时，尤其是田径类的赛事，发现体育场的跑道多是用绿色环绕红色。

心理学家认为色彩对人类情绪的兴奋和抑制都有一定的影响，不同色彩能激发人的不同反应，影响机体的心理、生理活动。在体育活动中，不论是竞技比赛还是运动训练，也不论是体育教学还是运动健身，色彩都以其鲜明的特点和巨大的威力影响着运动者的身心健康和运动潜能的发挥。

通常认为，绿色能带给人安全感，象征着自由和平、新鲜舒适，给人清新、有活力、快乐的感受。这与一般体育比赛所提倡的"绿色、运动、健康、和谐"等口号相吻合。因此，绿色的跑道对体育比赛来说是最适合的。

而红色象征热情、性感、权威、自信，是个能量充沛的色彩，当我们想要在大型场合中展现自信与权威的时候，可以让红色助一臂之力。于是，红色就成为跑道所选择的第二个颜色。另外，红色也暗示了提醒、警戒之意，这对运动员遵守比赛纪律也起到了一定的警示作用。

合理应用色彩对改善运动员比赛时的情绪是非常重要而有效的。在激烈的比赛中，影响竞赛情绪的消极因素很多，而混杂的、令人眼花缭乱的色彩环境就是其中之一。

不论是室内训练还是室外训练，如果长期置身于枯燥、单调的环境中，就会使人产生消极情绪，如枯黄的球场、黑灰色的跑道、杂乱灰暗的场馆，使人感到压抑和沉闷。

如果在明媚阳光的绿茵草地上，会使人神清气爽，产生生机勃勃的感觉。绿色环绕的红色跑道，使人精神愉快、心旷神怡。所以良好的环境会产生良好的情绪，为提高训练效果提供了心理保证。

事实上，运动员的训练是长期、艰苦、枯燥的。他们在进行高强度负荷训练的同时，还要承受来自各方的心理压力。而利用色彩的心理效应就可以调节、优化运动员的情绪，减轻运动员的心理负担，消除疲劳，提高训练效果。

特别是在田径赛跑中，运动员带有强烈而鲜明的情绪体验，不同的距离、动作强度、持续时间及运动员当时的心理变化都会引起不同的感受，这种情绪体验势必会影响奔跑的速度和效果。在跑道中以红色、橙色等刺激性强的色彩作为刺激物，有利于运动员速度的提高。

由此可见，积极的色彩可以帮助运动员拥有最佳心理状态，而最佳的心理状态是竞赛获胜的前提。合理的色彩环境，可以为运动员创造一种振奋的气氛和环境，从而有效地调整其心理状态，使之进入最佳竞技状态，取得较好的比赛成绩。


## 为什么罪犯多喜欢红色

据犯罪心理学家说，红色能诱发犯罪。据统计表明，世界上正在服刑的犯人有相当多的一部分人特别钟情于红色。

也有人说红色有提高运动能力和增强竞争意识的效果。英国研究人员对此进行了研究，统计出了拳击、跆拳道和摔跤等竞技项目中穿红色运动衣与蓝色运动衣的运动员之间的胜负比率。

统计结果显示，穿红色运动衣的运动员获胜的概率明显高于穿蓝色运动衣的运动员。如果双方的实力相当，穿红色运动衣的运动员更容易获胜。红色不仅可以提高运动能力、增强竞争意识，还可以给对手造成压迫感，迫使其丧失斗志。

喜欢红色的人大多鲁莽、热情，而且极富正义感。他们还很健谈，说起话来经常手舞足蹈的。喜欢红色的人富有魅力，但也有任性的一面，有时还很无礼。红色有时候会给人血腥、暴力、忌妒、控制的印象，容易造成心理压力，因此与人谈判或协商时则不宜穿红色。

犯罪是由物欲、情绪和信仰等动机中的两种或两种以上的动机集合所导致的犯罪行为，犯罪心理学家认为，这些人的行为也和色彩有关。近年来，利用色彩心理学预防和抑制犯罪的做法受到了社会各界的广泛关注。

总的来说，暖色系中明度最高纯度也最高的色彩兴奋感觉强，冷色系中明度低而纯度低的色彩最有沉静感。强对比的色调具有兴奋感，弱对比的色调具有沉静感。与其他颜色相比，红色比较容易诱发犯罪。

# 第七章

# 不可避免的思路迷失

## 为什么目标细化后更易实现

著名数学家笛卡尔曾经说过:"在解决问题时,把我们所考虑的每个问题都尽可能地分成细小的部分。"他的话告诉我们,为了解决一些复杂的问题,我们不妨把一个难题分解成一些比较容易解决的小问题,然后依次解决这些小问题,最终达到解决整个问题的目的。这不仅适合数学的学习,也一样适用于我们的生活和人生发展。

1985 年,名不见经传的日本选手三田本一出人意料地在东京国际马拉松邀请赛脱颖而出,成为该比赛的冠军。两年后,他又在意大利国际马拉松邀请赛中获得世界冠军,他的胜利让很多人都感到匪夷所思,但没有人找到其中的答案。

10 年后,他在自己的自传中解答了这个问题:每次比赛开始之前，他都会乘车去仔细看一下比赛的线路，并且把比赛线路上的醒目的标志画下来。比如第一个标志是一家银行，第二个标志是一棵大树，第三个标志是一个小房子，直到比赛的终点，40公里的比赛被他分解为几个小的目标。比赛开始以后，他会用最快的速度冲向第一个目标，接着用最快的速度冲向第二个目标。就这样，他轻松地赢得了整个比赛。其实，他之所以这样做与他之前的经历有很大的关系。起初，他并没有意识到这样做的好处，他把目标定在40公里外的重点上，结果没有跑到一半就已经疲惫不堪了。后来，他把目标定在赛道的一半的地方，但后来他发现这样做毫无用处。最后，他发现自己的小目标一定要是经过一定的努力就可以实现的，于是，他便重新规划了自己的比赛，这样，他在比赛中的表现开始有了翻天覆地的变化。

如果我们觉得自己的目标完成不了的时候，就需要把大目标分为若干个小目标，完成一个小目标之后再激励自己完成下一个小目标。最后，我们会发现离终点已经不远了。

所以，要想获得大的成功，就要修正自己的思维，学会分解目标，循序渐进。成功不是一蹴而就的事情，很多时候，我们都需要一个长远的目标来为自己指引方向，这样我们才能够在世事变化中始终坚持自己的方向，而不至于走弯路。

但是，相对而言，我们往往容易接受短期、具体的东西，而不容易接受那些远期模糊的东西。一个目标即使再远大，如果我们看不到摸不到，那么它于我们而言就只是一句空话。而且一个长远的目标的实现往往都需要花费较长的时间，而在短时间内努力的效果通常不是很明显，这样，人们的积极性就很容易受挫。

需要注意的是，如果我们想采用细化目标来解决问题，我们就要让分解的小目标既要有激励价值，又要现实可行。如果小目标依然很难实现，或者毫不费力就可以达到，那么这样的目标分解就毫无意义。在分解目标的时候一定要注意技巧。同时，将自己的每一步目标都控制在一个能预见和操纵的范围内，以便清晰明了地处理每一个问题。这样，上一个目标是下一个目标的前提，下一个目标将升华成上一个目标的结果，当我们实现了这一个个的小目标，大目标的实现将会是水到渠成的事情。

## 思维演绎的精髓

　　演绎推理是从一般规律出发，运用逻辑证明或数学运算得出特殊事实应遵循的规律，即从一般到特殊。在生活中，我们会发现很多事情与演绎思维紧密相连。

　　柯南道尔的《血字的研究》中有这样一个情景：福尔摩斯和华生初次见面，彼此之间并无交流，但福尔摩斯一眼就断定了华生是从阿富汗来，并看穿他的身份和经历。这是怎么做到的呢？我们不妨来看一下福尔摩斯的思维过程。

　　在福尔摩斯看来，华生具有医务工作者的风度，却有军人的气质。那么，很显然他是个军医，因为这是军医所具有的气质。

　　此外，他看到华生面色黝黑而手腕皮肤黑白分明，断定他原本是个皮肤白皙的人，只是最近经常暴晒，而当时英国的阳光不足以把他晒成这样，所以，福尔摩斯就断定华生刚从热带回来，而这也正是所有在热带待过的人的共同特征。

福尔摩斯看到他面容憔悴，左臂受过伤，现在动起来还有些僵硬不便，就断定他久病初愈而又历尽了艰苦。一个英国的军医在热带受过苦，受过伤，在当时的情况下，自然就只能是在阿富汗待过了。

很显然，在福尔摩斯的心里，对各地的气候、各种人的特征有一个大致了解，当他看到这样一个人的时候就会自然而然用这样的标准去判断对方的情况。而福尔摩斯的这个思维过程其实就是对演绎思维法的巧妙运用。

这样的思维过程在生活中是很常见的。比如，当一个孩子明白玻璃会被不易碎的东西打破的时候，如果他认定一个石头不易碎，他可能就会明白石头也会打破其他易碎的东西。这个思维的过程就是演绎思维的过程。虽然孩子本身可能没有意识到这个问题，但它是的的确确存在的。

了解了演绎思维的过程，有助于我们更快更准确地认识事物。而忽略演绎思维则容易让我们的判断出错，混淆真相。

曾经有这样一个谣言，有人说在百事可乐的罐子里发现了皮下注射器的注射针，美国二十几个州的媒体得知这个消息后都做了相关报道。传言说，百事可乐的股价在很短的时间里将大幅下跌，很多资深投资人也以赔本的价格抛售百事可乐的股票。

其实，只要运用一下演绎思维，我们就会发现，这样的谣言其实是不可信的。众所周知，任何突发事件的背后必然会有利益在驱动，而且，事态转变的方向也必然是朝着与利益方的利益相符合的方向，那些因为事态的转变而急于脱身的人很可能不会是最后的受益者。也就是说，当一个表现一直很好的事件突然发生转变的时候，对于手中正掌握着一定利益的人来说，来自对方的不利于自己的信息很有可能就是虚假的。同样地，在百事可乐的罐子里发现注射针这个消息对于那些手中拥有股票的人来说就是虚假的，而对于那些制造信息、企图低价趁机买进股票的人来说就是有益的，再加上百事可乐的发展状况一直很好。

这样想一下，我们就不难发现，这个具体的突发事件其实不过是某些人刻意制造出来的烟幕弹而已。事实也确实是如此，不久之后美国联邦药物管理局和联邦调查局就宣布这些报道完全是在恶作剧。

我们说具体问题要具体分析，但我们也要知道，相似的事物就必然会有一些相同的特征。如果整个类型的事物都是某种状态的时候，那么这个类型中的某个具体事物就必然也处于同样的状态。明白这一点，我们就掌握了演绎思维的精髓。

## 少数服从多数是必须的吗

我们常说"少数服从多数"，但事实上，真理往往掌握在少数人的手里，财富往往存在于少数人的手里，技术也往往掌握在少数人的手里。所以，我们在做事的时候，只要掌握了关键的部分，我们也就掌握了最大的财富、真理和力量。人的精力是有限的，我们要把大部分精力用于重要的事情中，而不要浪费在不必要的细枝末节上。这就是典型思维。

在中国邮政储蓄银行某支行的所有顾客中绝大多数的顾客是离退休人员，一到该发放养老金的时候，银行服务窗口的离退休人员就会排起长队。为此，他们曾经把工作的重心放在了离退休人员身上。

但很快他们就发现，由于忽视了对高端顾客的优质服务，让为数不多的顾客在服务窗口长久等候，这导致顾客的不满，使得银行出现了顾客流失的现象。长此以往，银行的发展必然会受到很大的影响。

于是该支行又把工作的重心放在了巩固已有顾客和发展新的顾客上。他们为顾客提供了更方便快捷的服务，大大缩短了顾客办理业务的等待时间，顾客流失的问题也因此得到了解决。不久后，该银行就有了近百户的顾客，银行的业务也有了增长。

正是改变思维方式，将"少数服从多数"的思维方式转变为典型思维，将精力集中在少数重要的顾客身上，该邮政储蓄支行才能"化险为夷"，取得出色的业绩。

19世纪末20世纪初意大利经济学家巴莱多在研究后发现在任何一组东西中，最重要的往往只有20%，剩下的80%是次要的。这说明，不平衡是一种常见的社会状态：比如，商家80%的销售额可能来自20%的商品；市场上80%的产品可能是由20%的企业生产的；企业80%的利润往往是由20%的顾客创造的；销售部门80%的业绩往往是由20%的推销员带回的等。

事实上，"二八"法则在金融行业也是通用的：80%的财富和利润往往来自那20%的高端顾客，自然而然地，他们也应该成为金融业重点服务的对象。当然，我们不否认顾客与顾客之间是平等的，每一个顾客都是上帝，但这并不意味着商家就要认为所有顾客一样重要，就要在所有生意、每一种产品上都付出相同的努力。人的精力是有限的，企业的精力也是有限的，如果把所有精力平均分配给每一个人，最终将捡了芝麻丢了西瓜，得不偿失。相反，如果将有限的精力和资源放在那些重要顾客身上，所取得的成绩将会是可喜的。

"二八"法则告诉我们，做事的时候不能"胡子眉毛一把抓"，要抓住关键的少数环节，对于那些不能带给我们收益的事情要坚决放弃，这样才能最大限度地降低成本，在最短的时间里，收到最大的效果，谋求更大的收益。

## 青春期为什么更依恋同性朋友

回顾我们的青春期生活或者观察周围青春期阶段的孩子，不难发现，同性的朋友之间更容易亲近。虽然同性朋友之间的友谊很可贵，但有的父母会担心同性朋友之间过于亲密，会不会导致孩子长大后有同性恋倾向。那么，我们到底应该怎样看待青春期亲密的同性关系呢？

13岁的小亮与邻居家同龄男孩小阳自小在一块玩耍，从幼儿园到小学一起上学，情同手足，形影不离。但近来小亮父亲感觉到两个孩子常背着人躲在一起，关系似乎有些反常。细心的父亲终于发现两个孩子的"不良行为"，如互相亲吻。对此，他既着急，又惊慌，怀疑两个孩子是不是同性恋。

此外，另一位读高中的女生陈静，近一个月来，她心情悲伤忧郁，甚至闪现轻生厌世的念头。经过询问，原来这种忧虑情绪是因为失掉"挚友"而产生的。她原与一位女同学感情甚密，两人曾海誓山盟，一辈子绝不与其他人交往，将毕生的情感都奉献给对方。可是这种特殊的关系维持了两年，那位女同学与另一位女生好上了。这使她既嫉妒又悲伤，恨不得一死了之。

以上两个事例都指出了一个问题：青春期的少男少女关系过于亲密，会发生同性恋吗？

其实，同性依恋与同性恋是两个截然不同的概念。

首先，我们要从青春期的心理入手来正确看待这个问题。正值青春期的少男少女渴望友谊，急切地寻找能促膝长谈之人，以倾吐心中的喜怒哀乐，以换取理解和支持。

其次，由于这一时期的少男少女性生理处于发育阶段，性成熟现象普遍存在，这与他们幼稚的思想意识相矛盾，朦朦胧胧的性心理促使他们通过各种盲目的手段体验性感觉，如拥抱、亲吻等。其发泄对象多是他们亲密的小伙伴。

所以，从青春期的特殊心理和成长特征来看，同性依恋属于正常的现象，不应该视为同性恋。

尽管如此，对少年时期这类同性相依恋的现象也不可掉以轻心。如果青少年和同性关系异常亲密，会产生只有同性在一起玩耍才舒服的意识，等到了该和异性交往的年龄时，可能不愿意或害怕与异性交往接触。此外，因为同性之间过分地依恋，容易丧失自己的独立性和完整的人格，产生社会交往的不适应感，将自己圈于狭小的人际交往圈中，成人后也可能发展成同性恋。由此看来，如果不适时加以开导，同性依恋对孩子身心发展会产生不利影响，所以，家长对这个阶段的同性依恋行为要适当关注，并以平和的心态循循诱导，让孩子们拥有正确和健康的交友观。

第三篇 | **发现身体里不知道的你**

第一章

# 恐惧停不了

## 为什么乘电梯时会一直盯着楼层数字

乘电梯的时候，人们的眼睛是往哪里看的呢？估计大部分人的眼睛都会习惯性地盯着电梯显示屏上跳动的数字，心里跟着默念："1、2、3……"为什么在电梯里大家都习惯性仰着头看着显示的楼层数？难道显示的楼层数有什么神奇的魔力吗？还是有什么不可思议的心理效应在背后起作用呢？

首先人们最容易联想到的理由就是，抬头盯着数字看，是在观察自己所要到的楼层是否已经到了。而实际上，这种行为与我们的"私人空间"有着很大的关系。所谓私人空间，是指在我们身体周围一定的空间，一旦有人闯入我们的私人空间，我们就会感觉不舒服、不自在。私人空间的大小因人而异，但大体上是前后 0.6~1.5 米。据调查数据显示，女性的私人空间比男性的大，具有攻击性格的人的私人空间更大。在拥挤的电车中我们会感觉不自在，就是因为有人进入了自己的私人空间。不过，人的私人空间会根据对象的不同而发生改变。假设一个人前方的私人空间为 1 米，如果对方是亲近的人，私人空间也许会缩小到 0.5 米，但如果是不喜欢的人，也许会扩大到 2.5 米。而对于憎恶的人，则会敬而远之。人需要私人空间，他人侵入这一空间时，则会做出各种反应，在电梯里抬头看就是反应的一种。

电梯是一个非常狭小的空间。在电梯中，人与人的私人空间出现了交集，即互相感觉到对方进入了自己的私人空间，所以会感到不舒服，都想尽早离开电梯这个狭窄的空间。向上看正是想尽快"逃离"这个狭小空间的心理表现。

此外，盯着显示楼层的数字看，不只是为了确认是否到了自己要去的楼层。当我们急于离开这个狭小空间时，不停变换的数字能让我们感到电梯在移动，是在提示人们就快要离开封闭的空间走向开放的空间。

和在电梯中一样，乘地铁时，当很多人涌入一节空车厢之后，长座椅的两端先有人坐，而座椅的中央后有人坐。因为人们认为坐靠边的座椅，不容易受到别人的影响。万一不小心睡着了，还可以减少倒在别人身上的概率，用手机发短信时也不用担心别人会偷看了。总之，周围的人越少，人们就越自在。

不过，也不是所有靠边的地方都会让人感到舒服自在，比如公共厕所中靠近入口一端的就经常受到"冷遇"。快餐店、咖啡馆等高靠背座椅靠近外侧的一端也不太受欢迎。这是因为高靠背座椅本身就可以确保一定的私人空间，而靠外侧的一端反而容易将人暴露。

因此，在公共设施的建设上，要注意充分考虑人们对于"私人空间"的心理需要。而人际交往中，也要注意尊重和理解对方的"私人空间"，给别人一点理解，也是对自己的尊重。

## 为什么人人都有从众行为

从众行为在我们的日常生活中经常可以看到。比如，生活中随大流，人云亦云，随声附和；开会时要举手表决，看到别人都举，自己明明不想举，也不得不跟着举；在吃喝、穿戴、娱乐上赶时髦，追新潮，等等。

这是因为人们往往认为，众人提供的信息更加全面可靠，可以作为自己行为的指导。

从众心理的另一个原因是，人们总是有害怕偏离群体的心理。群体信息能够给我们很多生活上的指导，如我们在家里可以穿各种奇特的服装，但当我们考虑是否穿这件衣服去上班时，想到同事们怪异和否定的目光，我们就会放弃这个打算。人们总是希望群体喜欢他、优待他、接受他，这样他就可以和群体融为一体。他害怕如果自己与群体意见不一致，群体会讨厌他，为了避免这些后果，他总是趋于遵从，总是不愿意被称为"不合群的人"。心理学家通过实验发现，在一个团体内，即使某个人具有正确的观点，也往往会被绝大多数人的不正确的观点误导，乃至于放弃正确观点，认同错误观点。

实际上，从众心理既有其积极作用，也有其消极作用。从积极的一面看，有时从众行为在特定范围内，可以协调群体成员的言行。社会道德舆论，可使社会上的人们群起效仿先进人物的思想言行，形成良好的社会风气。在经济生活中，商品经销者可利用广告、宣传吸引消费者。在工作中，组织制定的行为规范，可纠正个别人的自由散漫行为。从消极的一面看，从众心理有时也会给我们误导，使我们人云亦云，失去主见。因为别人说的和做的不一定总是对的。还有人利用从众心理来操纵别人。另外，一味地随大流也容易让我们失去个性，不容易使我们在人群中突显自己。

## 什么环境让你感到恐惧

你想知道如何化恐惧为力量，帮助你全面发掘个人潜能，取得预想不到的效果吗？

前世界重量级拳击冠军乔·伯格纳曾两次与拳王阿里较量。在这两次比赛中，他都坚持到了最后。阿里曾为伯格纳指点迷津，伯格纳一直都记着这位伟大拳王的话："任何走上拳击场的人，如果丝毫不感到恐惧，那他一定是个傻子。道理很简单：他们对这项运动根本毫不了解。因为没有恐惧，就没有对抗力，也就没有准确的判断力、敏捷的反应和凌厉的战术来避险制胜。"

首先必须了解：我们都会感到恐惧。只有懂得如何利用恐惧的人，才能把恐惧化为己用，变成有用的武器。

恐惧专家指专门从事与恐惧紧密相关的工作，在工作中常常需要暴露在可怕的环境中，但是他们不但承认自己会感到恐惧，而且表示自己会敞开胸怀欢迎恐惧。他们并不把感到恐惧当作一种软弱的行为，而是把恐惧当作一笔财富，利用恐惧来锻炼自己的勇气，从平庸者中脱颖而出，最后获得成功。

恐惧专家们深知，唯一能做的就是学会与恐惧共存。在某些情况或者某些领域，你也许可以控制恐惧，一个人害怕的东西，另一个人并不一定就会害怕。但是，在其他情况或其他领域，恐惧可能以其他的形式出现。很多人会以为所有情况都一样，误以为我们靠自己的力量绝不可能控制恐惧。

恐惧在社交、家庭生活、工作中深深影响着我们。要么学着与恐惧成为朋友，要么沦落为恐惧的奴隶。大多时候，我们并不是被恐惧打败，而是被自己打败，因为我们并没有深入了解恐惧。可悲的是，大多数人从没想过要如何改善自己感到恐惧的状况，只想彻底消除恐惧。但是对恐惧的厌恶之情只会使你变成恐惧的奴隶，并受其控制。当你被恐惧控制了，你就几乎不可能扭转受控的局面，只能任其摆布了。

恐惧专家已经学会如何把他们的恐惧看成是专为他们而设的对其有利的动力，学会把恐惧当成一笔财富。把恐惧当作一种力量，最重要的是要记住，你可以选择如何看待恐惧。在你遇到强大的挑战时，恐惧就会产生，它能增强你的力量，提高你的警惕意识，从而保护你。

我们往往认为，恐惧是可怕的，把恐惧看作是软弱的标志，而不是强大的保护者。我们要拥抱恐惧，学会驾驭恐惧的力量，用勇气去战胜它，如此我们就会变得强大。

## 为什么会有"虚假的自己"

　　人们往往对自己的能力有超乎正常水平的估算。身陷信心陷阱的管理者们的一个典型情况是，他们非常想要获得成功，惧怕失败，以至于干脆放弃尝试。

　　在描述 ESPN 电视网的发展过程时，迈克·弗雷曼提到了他的搭档基思·奥尔伯曼是如何成为同事的噩梦的。奥尔伯曼常常对同事大呼小叫、厉声呵斥，甚至不止一次让同事掉下眼泪。后来了解到，奥尔伯曼对失败有一种长期的恐惧。这种恐惧时时刻刻地伴随着他，因为他总是觉得自己应该为很多事情负责，尽管有些事情根本不是由他控制的。为了抵消和掩饰对自己能力不足的感觉，他将自己扮演成一个超人。不管什么事情，只要一有出差错的危险，他就插手进行干预。不幸的是，这种事事插手的做法使奥尔伯曼身受其害，使他产生了一种"担心由于事情出差错而被谴责的恐惧"。弗雷曼的书出版后，奥尔伯曼意识到自己的错误，并向曾经的同事道歉。在道歉信中，他将自己的行为归因于一种内心深处的不安全感。他说："我一直认为，我周围的每一个人都比我更有能力，而我却是个能力不足的人，同时我总感觉我的能力欠缺早晚会被人们发现。"无疑，在大多数人的眼中，奥尔伯曼是很成功的一个人，但是他却生活在恐惧和自我厌恶中。

　　对失败的恐惧往往来源于早期不良的家庭教育，有严重的失败恐惧症的人在小的时候往往因为失败受到惩罚，而对于成功却反应平淡。孩子对父母的情感依附往往很不牢靠，他们总有一种不被接受或者不被认同的恐惧，对达不到期望的恐惧是造成惧怕失败的一个重要原因，同时也会掉入信心陷阱。这种负面思维会严重地影响管理者的人际关系，他们往往不切实际地担心，一旦事情不顺利就会失去人们的尊敬和赞许。

用功过度的人对自己处理各种关系的能力没有信心，在内心深处不相信自己，也不相信自己有能力对下属进行管理。严重的时候，则会产生管理者用功过度，而下属们则相应的用功不足。20世纪60年代，英国教育家和心理分析学家唐纳德·温尼考特将"真实的自己"和"虚假的自己"引入了心理分析学中，将"真实的自己"定义为与生俱来的那个健全、自信的自己；而"虚假的自己"则是在生命的早期作为取悦父母的方式而出现的一种构造物。孩子们会遵守符合父母的价值观念，但随着孩子逐渐长大成人，他们往往会开始挑战和质疑他们从父母那里接受的那些规则和价值观念，而这正是十多岁的孩子会出现反叛情绪的原因。等他们跨过这个门槛，在接受了"真实的自己"后，从父母那里获得的一些观念与自己独自形成的认识之间达成一种平衡。但这并不是说"虚假的自己"就此消失。在工作中，呈现出一个"虚假的自己"、一个快乐地接受组织规范和文化的自己，这往往是一个合乎情理甚至心照不宣的要求。然而有些人觉得他们必须要将这种"虚假的自己"发挥到极限。

"虚假的自己"是一个信心陷阱，它阻碍我们认识自己的真正潜力，于是压抑"真实的自己"，并戴上一种更能被人接受的面具。对"真实的自己"不满导致自我抛弃，并不断地消耗着自信。道理很明显，如果我们为"真实的自己"感到羞愧，又怎么可能对自己成功的潜力持有信心呢？

# 第二章

# 欲求无底线

## 为什么人的权力欲望会不断膨胀

人对权力的欲望会不断膨胀，这在罗素的《权力论》里被称作人的本性。他还认为人对经济的需求尚可得到满足，但对权力的追求则永远不会得到满足；正是因为对权力的无止境追求，各种社会问题频频发生。罗素认为人的权力欲具有不断扩张的特性，所以应当节制个人、组织和政府对权力的追求。

人们对权力的无限欲望驱使他们在一定条件下做出可憎可恨的行为——这是人们不得不接受的现实，不见得非得是邪恶的人才会做出恶劣、甚至是邪恶的事情来。人们都试图调整他们周围环境中的事物，来满足自己的需要。无论从何种意义而言，你都拥有控制环境的能力，这也是你所拥有的权力。例如，你一进屋子，就径直将空调的温度调高或调低，这时，你就在运用你的权力。当然，你还可以通过其他方式来控制环境。

权力对于许多人来说可以带来许多好处。在现实社会生活中，不同职业的人手里多多少少都有点权力。

越有权力的人就越爱使用权力。"权力即强力"，一旦拥有权力，我们是更应该慎重行事，还是更大胆地行事呢？心理学家对这一问题进行了调查，结果是多数赞成后者，就是人只要有了权力，就会充分使用它。而且，他们不能对那些没有权力的人做出公正的评价，只是一味地夸耀自己的指挥能力。而且一般说来，人只要有了权力，就会充分地使用这些权力，这样就使自己与被管理者之间的权力差距越来越大。人们如此渴望权力，那么如果权力缺少制约会怎么样呢？心理学家发现，权力如果缺少体制约束，就会使人本性中"恶"的一面迅速膨胀。一个有权力的人，当没有受到恭维、抬举时，就会觉得受了莫大的委屈而无法忍受，从而做出过激的行为。战争中许多军人之所以会做出各种残忍行为，正是由于这种追求权力的心理。

某个人对一种权力的拥有可以来自上级部门的正式的合法授予，也可以来自一些非制度性安排的，但又实际上存在的非正式权力。这也就是显性权力与隐性权力之别。显性权力是组织中正式的、合法的、制度性的基础权力。这种权力在企事业单位中通常表现为下级要服从上级，也被称为合理合法权力。而隐性权力往往来自机构中的非正式组织，例如由于个人的能力、知识、品德等在群体中所形成的威望，某人由于与权力高层所形成的某些特殊的关系而拥有的影响力等。这些影响力在制度上没有被承认，但真实存在，因此也被普遍认为是权力的一种。显性权力一般有明文规定的权力运用范围和权力运用的方式，以及明确规定的利益及相应责任，从而制约权力拥有者对权力的运用；而隐性权力并没有明确规定所应当承担的相应责任，也相应缺乏一套有效的约束机制。

权力的力量如此之大，故许多人都热衷于追求它。但是过度追求权力则会带来某些负面影响，所以对权力的追求应当适度。

## 为何因一件睡袍换了整套家具

人们对很多事物怀抱一种"愈得愈不足"的心态：在没有得到某种东西时，内心很平衡，生活很稳定。而一旦得到了，反而开始不满足，认为自己应该得到更多。这种心态我们称之为"狄德罗效应"。

法国著名哲学家丹尼斯·狄德罗的朋友赠给他一件精致华美的睡袍，他感到非常开心。回家后他迫不及待地穿着睡袍在书房里走来走去，想要体验穿新衣的快乐。可是很快他就发现自己丝毫快乐不起来：家里的旧式家具、肮脏的地板以及各种陈设在新袍子的衬托下显得十分不和谐，看着很不顺眼。于是他再没有心思去感受袍子的舒适和华贵，而是赶紧把家里陈设都换成新的，以求跟新袍子相匹配，结果花了很大力气。事情做完后，他开始懊恼，意识到自己被一件袍子控制了：在没有得到这件袍子之前，他对家中的陈设感到很满意。得到新袍子后，为了满足与新袍子相匹配的欲望，他不得不更换新的家具。为了一件袍子，他付出了巨大的精力和金钱。

在我们的生活中，到处都能看到狄德罗效应的影响。老百姓生活中最常见的就是：当一个人花了几十年积蓄才买到几十平方米的商品房，为了对得起购买的价值，往往还要大费周章地装修一番，铺大理石，装实木门，配红木硬家具，添置各种摆设……装修完毕后，还得考虑出入这样的住宅得有好的行头，于是着装档次也提升了。可是口袋里的钱也越花越不够了，最后捉襟见肘，只能打肿脸充胖子。所以，尽量不要购买非必需品。因为如果你接受了一件，那么你会不断地接受更多不必要的东西。当然，生活中也不乏狄德罗效应的正面例子。人们在得到了比实际更高的赞誉时，能激励人以更高的标准要求自我。

有一位先生娶了一位泼妇，他们经常吵架。这天，一个机缘巧合，先生在下班的路上得到了一束百合花，并把这束花带回家。前来开门的妻子看到丈夫手中的花，眼神顿时变得温柔了，她欣喜地问丈夫为什么买花给她。丈夫不忍心破坏妻子的好心情，就随口回答了一句，我觉得你像百合一样清新美好而有气质。这位妻子相信了丈夫的话。从那以后，妻子有了大转变，说话轻声慢语，对丈夫体贴温柔，变得越来越有气质。

我们如何更好地发挥"狄德罗效应"，让它给我们带来积极肯定的意义呢？

第一，相信我可以配得上华贵的袍子。在这里，我们把"狄德罗的袍子"看作是更高更好的追求。人们在树立了远大理想抱负的时候，就会逼着自己摆脱落后的现状，去积极追求更好的生活。那些之所以成功的人，正是坚信自己一定能摆脱贫穷的命运，相信自己是穿华贵袍子的人，于是努力去追求和创造，才拥有了今天我们看到的美好生活。

第二，从一点一滴做起，逐步完善目标。缺乏自信心的人往往会说："你看，我什么都做不好，我没有任何优点，我一事无成。"可谁是一蹴而就的呢？灰心丧气的时候想一想孩童的牙牙学语、蹒跚学步，成功的经验都是一步一个脚印，从一点一滴积攒起来的。

虽说要懂得知足常乐，但有时候适当地提高一点要求，树立一个更高的目标，也许能更好地激发斗志，获得更大的成功。


## 为什么会成为购物狂

女人是天生的购物狂，当面对琳琅满目的商品时，哪怕是对自己毫无用处的商品，她们都会不假思索地买下来。购物消费从最初满足生活基本需求的简单行为，逐渐演变成女人最热衷的休闲活动，甚至是强烈的心理需求。

据专家分析，大部分女人都有购物狂倾向，只不过程度不同而已。与男人相比，女人购物缺少理性，资料显示，超过40%的女人对促销商品有购买欲。同时，女人消费更容易受到他人观点的左右，这也从侧面反映了女性消费的非理性。

不过，尽管如此，女人由于自身的一些特点，通常在选择商品时要比男人细致，更注重产品在细微处的差别，也更加挑剔。从这点上看，女人的生意并不那么好做。如果厂家能在产品的设计和宣传上关注细节，则更能吸引女性消费者。此外，对女性而言，购物是她们释放压力的最常用方法。很多女人会在情绪不好时购物，以及时宣泄压力；情绪好时也购物，因为买了喜欢的东西可以体会到幸福感。

女人之所以喜欢上街购物，通常有以下几种心理：

第一，审美心理。女人一般都很爱美，不但希望把自己打扮得漂漂亮亮，还特别喜爱其他美丽精致的东西，而精美怡人的商品正是美的集中表现。女人爱逛商店有一个很重要的动机，就是去欣赏这些美，从而体验到一种赏心悦目的快乐。

第二，爱占便宜的心理。在商品价格上，女人比男人更加相信"货比三家，价比三家"的道理。女人买东西通常会比较几家商店的同类商品价格，经过一番斟酌比较后，选择最便宜的价格。女人不愿承担过高的风险，这就注定了女性对花销更谨慎，对价格更敏感。这也从一个侧面证明了促销活动对女性购物决策的影响力会比较大。因为在商家打折、送礼、限量发行的蛊惑下，女人时常会油然而生一种购物冲动。结果是，花很多钱买回一些自己并不需要的东西。每次购物热情散去，只好冷眼看着个人居所成了部分商品的分散"仓储库"。

第三，知晓心理。常常可以看到这样的现象，一位女士在服装柜台前，仔细地询问一番价格以及质地之后，并不购买。女人把对某些商品的了解，当作一种本领。女人一般都喜欢时尚，需要不断地从商店中获得最新流行信息。有些女人就是凭借对商品行情的了解和对流行服饰的敏感，而在群体中获得一定地位。

第四，获得尊重的心理。当女人一踏进商店的大门，受到许多服务人员亲切而殷勤的接待时，她们就会产生一种高高在上的感觉。商店内美丽华贵的物品不但能够满足女人们的购物欲，还可以衬托出女性的高贵气质。奢侈的羊绒衫、珍贵精致的花瓶，只要是自己看好的东西，就算再贵也在所不惜，"有了它我的人生就完美了"。这也是女人宠自己的具体表现。

第五，群体认同心理。女性逛街一般都喜欢结伴而行，通过购物和好友进行交流，比如买东西时朋友之间可以互相提供参考意见。这种人际交往方式更轻松，相互之间更容易获得人际交往的满足感。


## 任性也是女人的一种心理需求

年轻男人聚在一起常常谈论自己的女友有多任性，比如她们半夜突然想吃寿司、现烤蛋糕等。对此，男人常自己解释说："反正女人就是任性的，一个愿打，一个愿挨，无可奈何！"女人动辄对男人颐指气使，乍看是任性，其实用意多多，其中最主要的是想试探男人究竟有多爱自己。

女人喜欢在自己的爱人面前表现得弱一些，撒娇任性也不过是想引起对方的重视。

这并不是天生的性格，只是后天的一种心理需要。女性的任性可能源自童年时期养育者的过分娇宠和纵容。美国心理学家威廉·科克的研究表明，任性是一种心理需求的表现。女性最害怕被抛弃。所以，女人的刁蛮任性不过是源于女人对爱的渴求，想试探自己在对方心目中的地位和分量。没有一个女人会向没有感情作为铺垫的男人撒娇、任性。男人应该明白，其实女人的任性不是看你肯不肯忍让她，而是想知道你到底爱不爱她？到底有多爱她？了解了这一点，男人应该更平和、宽厚对待女人的种种任性。

从夫妻的角度看，女人的任性都是男人"惯"出来的。一般而言，一个记忆力不好的妻子必定有一个记忆力很好的丈夫，一个不爱清洁卫生的先生必定有一个太爱清洁卫生的太太。同样，一个任性刁蛮的妻子背后必定有一个姑息迁就的丈夫。但如果妻子太任性，就会影响家庭和睦。因此，女人应注意控制自己的情绪，要尊重对方的感情，努力改掉任性的坏毛病。

妻子每次毫无理由的任性、发脾气，丈夫都忍让、宽容，无形中会使她的性格更加蛮横，渐渐地，夫妻之间就形成了恶性互动的关系模式。因此，发现妻子太任性，应及时严肃地加以制止，这既对妻子有利，也对丈夫、家庭有益。当女人任性时，男人要去洞察其心理需求，给予其心理上的满足。但是，男人的宽容一定要有个限度，不能一味地退让。

对女性来说，千万不要将任性作为对付男人的杀手锏。偶尔任性时，女人需要恰当地拿捏住撒娇的技巧和对方的心理承受能力。任性作为女人独有的情绪表达方式，不可否认是有其可爱之处的，就有男人说："我就喜欢看她噘嘴赌气的样子，怎么看怎么好看。"但是凡事都有限度，任性亦如是。如果女性不管对方的承受能力，只要不合她的心意，就发脾气，甚至蛮横不讲道理，这样就令人生厌了。

# 第三章

# 从众没商量

## 为什么味道不么怎样的蛋挞店会生意兴隆

张力的学校外有一家蛋挞店，生意十分兴隆，每天一大早就有很多人开始排队购买。张力有一次因为想弄清楚蛋挞到底有多好吃，于是花了半个小时排队买了一盒，可蛋挞的味道十分普通，并没有什么特别出众的地方。他觉得十分奇怪，于是问了几个常客："你为什么耗这么长时间买这么普通的蛋挞呢？"经过一番询问，他得到的答案是——因为大家看到有人在排，所以认定这是一家与众不同的店，店里的蛋挞一定好吃，值得花时间排队买。

其实，这是受"沉锚效应"的影响。沉锚效应，指在人们做决策观望时，思维往往会被所得到的第一信息所左右，第一信息就会像沉入海底的锚一样把你的思维固定在某处。具体到讨价还价过程中，就是你的第一报价或第一要价会将对方的思维固定在某一处，进而让对方根据这一信息做出相应的决策。

有一个优秀的推销员，他见到顾客时很少直接问："您想出什么价？"他会不动声色地说："我知道您是个行家，经验丰富，根本不会出 20 元的价钱，但您也不可能以 15 元的价钱买到。"这句话似乎是随口说出，实际上是在利用先报价的优势，无形之间就把讨价还价的范围限制在 15 至 20 元的范围内。

一般情况下，如果你准备比较充分，而且知己知彼，就一定要争取先报价；如果你不是谈判高手，而对方是高手，那么你就要沉住气，不要先报价，要从对方的报价中获取信息，及时修正自己的想法；如果你的谈判对手是个外行，那么，不管你是内行还是外行，你都要争取先报价，力争牵制对方。自由市场上的老练商贩，大都深谙此道。

有时谈判双方出于各自的打算，都不会先报价。这时，你就有必要采取"激将法"让对方先报价。譬如当你与对方绕来绕去都不肯先报价时，你不妨说："我知道，你一定是想付 30 元！"对方就有可能争辩："你凭什么这样说？我只愿付 20 元。"他这么一辩解，就等于报出了价，你就可以在这个价格上讨价还价了。

博弈理论已经证明，当谈判的多阶段博弈是单数阶段时，先开价者具有先发优势；是双数阶段时，后开价者具有后发优势。因此，先报价和后报价都有利弊之处。谈判中是选择先声夺人还是后发制人，要根据不同的情况灵活处理。

## 为何观众看演出会"一呼百应"

人们在观看演唱会时，当看到舞台上某个演员演唱出自己熟悉的音乐时，我们往往会不自觉地跟着哼唱，以至于越来越多的人跟随着大声唱出来，把整个现场推向高潮。人们为什么会出现这种不自觉的行为呢？因为当人把自己埋没于团体之中时，个人意识会变得淡薄。心理学将这种现象称为"去个性化"。它是指个人在群体压力或群体意识影响下，会导致自我导向功能的削弱或责任感的丧失，产生一些个人单独活动时不会出现的行为。

这个概念最早是由法国社会学家 G.勒邦提出的，意指在某些情况下个体丧失其个体性而融合于群体当中，此时人们丧失其自控力，以非典型的、反规范的方式行动。人们在群体中通常会表现出个体单独时不会表现出来的行为。例如，处在团伙中的个体有时会跟团伙表现出一些暴力行为，而这种行为在他单独时不会表现出来。

当人把自己埋没于团体之中时，个人意识会变得非常淡薄。个人意识变淡薄之后，就不会注意到周围有人在看着自己，觉得"在这里我们可以做自己喜欢做的事情"。于是，本来性格内向、羞于在人前讲话的人，看演唱会时也会跟着大声唱歌，看体育比赛时也会高声为运动员呐喊助威。

但如果我们把握不当这种去个性化的状态，就会存在一定的危险性。当人的自我意识过于淡薄时，就会开始感觉什么事都不是自己做的。比如狂热的足球迷，如果自我意识过于淡薄，就可能发展成危害社会的"足球流氓"。当然,"去个性化"并不会在所有情况下都能导致人丧失社会性。在保持着社会性的团体中,"去个性化"也很难使人做出反社会的行为。

心理学家金巴尔德曾以女大学生为对象进行了一项恐怖的实验。他让参加实验的女大学生对犯错的人进行惩罚。这些女大学生被分为两组,一组人胸前挂着自己的名字,而另一组人则被蒙住头,别人看不到她们的脸。由工作人员扮成犯错的人后,心理学家请参加实验的女大学生发出指示,让她们对犯错的人进行惩罚,惩罚的方法是电击。

实验结果表明,蒙着头的那一组人,电击犯错者的时间更长。由此可见,有时去个性化会让人变得更冷酷。

某媒体曾报道过这样一个事件:

城市中心的一个高楼顶上有个小伙子要跳楼自杀,救护车、消防车呼啸而至,警察在为挽救生命苦苦努力。而高楼下看热闹的人越聚越多,突然人群中有人大叫"快跳呀",其他人也跟着附和起哄,最后在众人的"怂恿"和"鼓励"声中,年轻人对人间不再留恋,从楼顶飘然而下。

在这个故事中,人们的行为是冷漠的,而造成这种情况的原因就是去个性化所导致的。在这种情境中,"看客"们每个人都不再是自己,而是一个"匿名"的、和他人无差别的人。在去个性化的情境中,人们往往表现得精力充沛,不断重复一些不可思议的行为而不能停止。人们会表现出平常受抑制的行为,而且对那些在正常情况下会引发自我控制机制的线索也不加反应。

金巴尔德认为,去个性化产生的环境具备两个条件:匿名性和责任模糊。匿名性即个体意识到自己的所作所为是匿名的，没有人认识自己，所以个体毫无顾忌地违反社会规范与道德习俗，甚至法律，作出一些平时自己一个人绝不会做出的行为。责任模糊是指当一个人成为某个集体的成员时，他就会发现，对于集体行动的责任是模糊的或分散的。参加者人人有份，任何一个个体都不必为集体行为而承担罪责，由于感到压力减少，觉得没有受惩罚的可能，没有内疚感，从而使行为更加粗野、放肆。

去个性化是一种自我意识下降、自我评价和自我控制能力降低的状态。个体在去个性化状态下行为的责任意识明显丧失，会做出一些通常不会做的行为。如集体起哄、相互打闹追逐、成群结伙地故意破坏公物、打架斗殴等，都属于去个性化现象。

心理学家指出，在群体中的个人觉得他对于行为是不负责任的，因为他隐匿在群体中，而不易作为特定的个体而被辨认出来。这样，有的成员甚至觉得他们的行动是允许的或在道德上是正确的，因为集体作为一个统一体参加了这一行动。

"去个性化"心理是群体中成员普遍具有的一种心理，既可能导致消极行为，也能够产生积极效应，为我所用。因此，我们要加强自我监督的管理和个人素质的提高。


## 为什么交谈中要跟随着别人的步调

在销售活动过程中，有些人喜欢滔滔不绝地向别人介绍产品的各种性能，完全不顾别人是否有兴趣，有没有听进心里去。这种交流方式的效率往往比较差。

当人与别人的说话速度不一致时，将会直接影响沟通的效果。说话速度会在别人的大脑中形成对我们的另一种第一印象。每个人的说话速度都是不一样的，语速过快，别人可能难以听懂，语速过慢，别人会没有耐心，正确的方法是针对不同的人调整说话的速度，尽可能地与别人的语速保持一致。

这样，别人就能更快地与你建立和谐关系。达到这种效果的办法就是与对方"步调一致"。

成功地使用这一技巧必须注意两个方面。首先，你必须与他同时起步；其次，让他感到你真的和他很相像。他必须在某种程度上认可你，这样你才具有了劝说的力量。一旦你和对方在某些方面建立了联系，你就可以开始控制步调，而他则会紧随你后。

因此，在销售过程中，我们要想使自己的谈话高效而友好，就要悄然与别人在"步调"上完全保持一致。这就要求我们除了语速与别人一致外，还要注意语调和呼吸节奏的统一。

第一，语调上保持一致。如果正在交谈的对方心情烦躁，说话很尖刻，就算我们试图通过微笑和有趣的故事来哄他开心，也不起作用。这时，我们也要尖刻起来。这个改变会使我们和别人同步，也会让对方不敢轻视我们，并赢得对方的尊重。

第二，有节奏的呼吸。有研究表明，仅仅是与另一个人的呼吸保持一致，就可以增加两个人之间的和谐程度。

大多数人并不认为呼吸一致是建立和谐的工具。因为呼吸远离人的意识，即使我们互相影响，也经常意识不到。但是，如果我们回头仔细想想每一次"成功的劝说"，就会发现，这的确是一个关键因素。

心理学家认为，当两个人呼吸的频率保持一致的时候，慢慢地，他们就会产生同样的想法，体验同样的感受。一起跑步锻炼的人最后连呼吸的方式都相同，他们就会感觉很合拍。

## 为什么会有"羊群效应"

20 世纪末期，网络经济一夜间一路飙升，".com"公司遍地开花。几乎所有的投资者都在开始投资该领域。而在 IT 业，几乎所有的 CEO 们都在比赛烧钱，似乎烧多少股票就能涨多少，于是，越来越多的人义无反顾地跟着往前冲。

21 世纪伊始，人们纷纷发现美梦在一朝间如泡沫般破灭，浮华尽散，才发现在狂热的市场气氛下获利的只是领头羊，其余跟风的都成了牺牲者。

这就是人们常说的"羊群效应"。"羊群效应"是指领头羊往哪里走，后面的羊也就跟着往哪里走，没有自己的想法，自己的选择。通常是指人们经常受到多数人影响，而跟从大众的思想或行为，也被称为"从众效应"。人们会追随大众所喜爱的、所追求的东西，而自己并不会思考那些东西是否适合自己。

法国科学家法布尔曾经做过一个松毛虫实验。他把若干松毛虫放在一只花盆的边缘，使其首尾相接成一圈，在花盆的不远处，又洒了些松毛虫喜欢吃的松叶。松毛虫开始一只跟着一只，绕着花盆边缘一圈又一圈地走。饥饿劳累的松毛虫一走就是七天七夜，之后筋疲力尽地死去。期间，竟没有一只松毛虫想过改变一下路线。要知道，只要稍微改变路线就能吃到嘴边的松叶。

"羊群效应"是由个人理性行为导致的集体的非理性行为的一种非线性机制。社会心理学家通过研究后发现，往往影响人们是否"从众"的最重要的因素是持某种意见的人数量的多少，而不是这个意见本身是否准确。人们总是容易相信大多数人都同意的意见，在他们看来人多本身就有说服力。几乎没有人愿意在众口一词的情况下还坚持表达自己与之不同的意见。

在日常的消费中，"羊群效应"也表现得尤为明显。大多数人，特别是女性喜欢与同性朋友一起结伴购物，不仅因为同性朋友之间的眼光接近，而且边购物边聊天也使得逛街变得更有乐趣。不过，在购物时，人们往往容易受到对方的价值观、消费观的影响而改变自己的消费计划，情不自禁地做出不符合自己消费习惯的非理性行为，使得两人的消费趋于一致。

而在职场中，"羊群效应"也相当普遍。没有一个人敢说自己身在职场，从没有试过揣摩领导的想法。甚至大部分人认为一味地服从、讨好领导就能保住自己的饭碗，丝毫不敢把"不"字说出口。因为在一个团体内，谁敢做出与众不同的行为往往会被群体的其他成员视为"背叛"，会被孤立，甚至会被驱逐出这个团体。因而团体内成员的行为往往高度一致。这种"趋同性"对一个公司的发展是极其不利的，没有一个人敢对领导的决定说出反对意见，也就意味着领导虽然是带领着一个"羊群"，但实际上只是在孤军奋战，如果领导有着良好的宏观掌控力，公司还能获得一定的发展。否则，会因决策失误而导致失败。

如果在职场中出现这种"羊群效应"是令人很无奈的。

对于个人来说，跟在别人屁股后面亦步亦趋，单纯地做一个追随者，难免会被吃掉或被淘汰。所以，要想在社会上、自己从事的行业内有所作为的话，一定要有自己的创意，而不是一味地做一个追随者，这样才有可能开辟出新天地。就像前面讲到的松毛虫的例子一样，追随着领头虫，结果都没发现近在咫尺的松叶，而尽数死亡。因此，不管是加入一个组织或者是自主创业，保持创新意识和独立思考的能力是至关重要的。

在竞争激烈的"兴旺"的行业，更加容易产生"羊群效应"，看到一个公司赚钱了，所有的企业都蜂拥而至，致使供求关系失调，结果缺乏长远战略目光的追随者都以失败告终。

风险永远是存在的，我们必须大胆而明智地洞察。所有，在社会引发某种热潮后，要在脑中形成一种危机意识，要时刻做好应对危机的准备。当危机真正到来时该怎么办？在《谁动了我的奶酪》中，坐吃山空的小老鼠最终没有奶酪吃，而有危机意识、到处寻找新奶酪的小老鼠，却在奶酪吃光之前就寻找到了新的食物。这对我们来说，是可以借鉴的。

我们不是羊，我们要用自己的脑子去思考，去衡量自己。思考到底什么才是适合我们的工作，什么才是我们要追求的生活，什么才是我们应该坚持的原则。


## 为什么"名片效应"可以拉近心理距离

在人际交往时，人们想要与对方建立起熟络的关系，总是试图从事先获知的信息中找到与对方相同的兴趣或话题开始交流。如果我们首先表明自己与对方的态度和价值观相同，就会使对方感觉到你与他有更多的相似性，从而很快地缩小与你的心理距离，更愿同你接近。

在这里，有意识、有目的地向对方所表明的态度和观点如同名片一样把你介绍给对方，这即是心理学上的"名片效应"。"名片效应"指的是要让对方接受你的观点、态度，你就要把对方与自己视为一体，首先向对方传播一些他们所能接受的和熟悉并喜欢的观点或思想，然后再悄悄地将自己的观点和思想渗透进去，使对方产生一种印象，似乎我们的观点与他们已认可的思想观点是相近的。

恰当地使用"名片效应"可以尽快促成人际关系的建立，对于人际交往以及处理人际关系具有很大的实用价值。

刘建大学毕业后一直没有找到工作，每天东奔西跑，应聘了几家单位都被拒之门外，感到十分沮丧。

最后，他又抱着最后一线希望到一家公司应聘。在应聘之前，他决定此次再也不能鲁莽地去面试了，而是积极主动地去打听该公司老总的历史，通过熟人和咨询了解了老总的经历。通过了解，他发现该公司老总以前也有与自己相似的经历，他如获珍宝。

于是，在应聘时，他与老总畅谈自己的求职经历，以及自己怀才不遇的愤慨。因为事先做好了准备，所以在交谈时刘建的表现十分出色。果然，这一席话博得了老总的赏识和同情，最终他被录用为业务经理。

刘建所使用的就是所谓的"名片效应"。让对方接受你的观点、态度，你就要把对方与自己视为一体。无论在什么场合，正式沟通前，恰到好处地利用"名片效应"，可以使你成为被对方认可和感到亲切的人。

人们在人际交往中往往存在一种倾向，即对于自己较为亲近的对象，比如，有共同的血缘、姻缘关系，或有相似的志向、兴趣、爱好、利益，或者是彼此共处于同一团体或同一组织的人，会更加乐于接近。我们通常把这些较为亲近的对象称为"自己人"。

一个人如果想要让身边的同事、朋友把自己当成"自己人"，除了本无法改变的血缘外，就要懂得与他人的相处之道。主动让别人对自己产生好感，认同并喜欢自己，而利用好"名片效应"则可以把周围的人吸引到自己身边来，使其认同自己。

## 为什么他人的关注让我们变得更积极

生活中，我们常常会遇到这样的情况：当某个成绩并不好的孩子，因为做了某件好事，受到了老师的当众表扬之后，这个孩子将会找机会做更多的好事。工作中，也有的员工在某次会议上，领导对他所做的工作给予肯定之后，他将更加努力地工作。那么这到底是为什么呢？

要想弄明白这个现象，则要从"霍桑效应"说起。"霍桑效应"是指人们由于受到额外的关注而变得更积极主动的情况。关于"霍桑效应"还有一个相关的实验：

1924 年 11 月，美国国家研究委员会组织了以哈佛大学心理专家梅奥为首的研究小组进驻西屋电气公司的霍桑工厂，他们最初的目的是想通过改善工作条件与环境等外在因素，找到提高劳动生产率的途径。于是，他们在工厂里选出继电器车间的 6 名女工作为观察对象。

在整个实验的 7 个阶段中，研究小组不断改变照明、工资、休息时间、午餐、环境等因素，希望找到这些因素是影响生产效率的原因。然而，不管外在因素怎么改变，员工的工作积极性并没有受到影响。这样的结果令研究人员很困惑。

经过长期的实验和研究，他们发现：真正促使她们改变行为、积极努力工作的原因是被试者觉得自己受到了特别的关注。因为当那 6 名女工被抽出来成为一组的时候，她们意识到自己是特殊的群体，是实验的对象，是这些专家一直关心的对象。正是这种受关注的感觉使得她们加倍努力地工作，以证明自己是优秀的。至此，专家意识到：人的行为不仅仅受到外在因素的刺激，更会受到自身主观上的激励。

"霍桑效应"告诉我们，如果我们想要改变人们的行为，使其感受到他是受关注的，那么就会对其产生一种强大的激励作用，从而在行动上表现得更加积极。

张阳是公司的新员工，由于性格内向、腼腆，不会主动与同事交流。因此，工作匆忙的同事自然也很少顾及这个新来的成员，对他也都敬而远之，虽然没有冲突，但并不融洽。张阳感觉很孤独，工作上遇到难题也不知道向谁请教。

这天，别的同事都下班了，张阳由于不熟悉工作流程没能按时完成任务，只好留下来加班。就在他快要完成工作准备离开时，突然听到有人在敲办公室的门。张阳抬头一看，原来是总经理。

总经理亲切地询问他为什么还不下班，张阳只得将自己的工作情况一一说了。总经理鼓励他说："你之所以还不熟悉工作，是因为你刚进公司不久。如果你有无法解决的问题，随时可以找我。我相信，只要你努力，你会做得很优秀的。"

　　得到了总经理的鼓励，张阳工作起来也变得主动了，遇到不懂的问题就请教同事，很快就适应了工作。由于试用期表现突出，部门经理又向总经理推荐了他。在一次月末总结例会中，总经理当众肯定他的能力，并寄予更高的期待。

　　半年后，因项目主管离职，张阳就被推荐为代理主管。

　　张阳的优秀是他自己努力的结果，而他的动力却来源于总经理的关注和鼓励。当一个人在受到他人或公众的关注或注视时，其工作效率就会大大提高。

　　人们往往无法全面、客观地认识自己，尤其是失意彷徨的时候，很容易灰心失望、陷入心理的低潮。这时，旁观者额外的关注，尤其是来自长者、权威、专家的激励则能扭转这种局面，使其乐观地面对现实。

第四章

# 允许错觉参与判断

## 为什么快乐的时光总是短暂的

我们常说："快乐的时光总是很短暂，痛苦的时光则总是很漫长。"也就是说，人们对时间的估计与这段时间的活动内容和心情有关，假如内容有趣、心情愉快，当时会觉得时间过得很快，而事后回忆时却会觉得很长；假如内容无聊、心情很坏，那么当时会觉得时间过得很慢，事后回忆时会觉得很短。所以，热恋时情人间的幽会，总有"一日不见，如隔三秋"之感。为什么会出现这种情况呢？其实，这是一种错觉，是情绪欺骗了我们的大脑，让它产生与客观实际不符合的感受。

什么是错觉？错觉是人们观察物体时，由于物体受到周围环境干扰，或自身的生理、心理等原因，而产生与实际不符的判断性的感觉误差。错觉普遍存在于我们的日常生活中。

在火车站站台上，当和我们所坐的列车并排停靠的另一辆列车启动时，我们会以为是自己所坐的列车启动了。在列车上，当我们翘首窗外时，窗外的田野、森林如快马般向后飞驰，这是运动错觉。假如问一个孩子，是一斤棉花重呢还是一斤铜、铁重？孩子会脱口而出，是铜铁更重，这就是所谓的大小－重量错觉。对于热恋中的男女，通常会觉得自己的情侣最美丽最可爱，正所谓"情人眼里出西施"。同样，几乎所有的小孩，都会认为自己的母亲要比别人的母亲漂亮。这些是爱的错觉。

类似的例子还有很多，比如，有宽大玻璃窗的房间要比它的实际面积显得大一些，这是整体－部分错觉；穿横条纹的衣服要比穿竖条纹的衣服显得人胖，这是几何图形错觉；同一个姑娘，穿一身黑衣服要比穿一身其他颜色的衣服显得苗条，这是色彩错觉；人在夜晚行走时，天上的月亮总像是在跟着自己走，这是心理错觉。

从以上这些例子，可以看到，错觉的产生是普遍存在的"正常现象"：一方面，只要产生错觉的条件具备，同一个人在任何情况下都会产生同样的错觉；另一方面，在一定的条件下，错觉的产生对任何人来说都是一视同仁的。对一个人来说，在一定的条件下，产生错觉是一种正常的知觉，在这个条件下不产生错觉反而是不正常的。

那么，是什么因素导致了错觉的产生呢？原因比较复杂，通常有以下几个方面：

首先，生活环境和条件会影响我们对同一事物的感觉。同样一餐饭，分别让一个来自贫困家庭的儿童和一个来自富裕家庭的儿童来吃，会吃出不同的感觉：在多数情况下，前者会觉得味道更好，而后者对这个味道的评价则会差许多。同样这俩儿童，因学习成绩较好分别获得 100 元的奖金时，前者会比后者感觉得到的更多。

其次，错觉的产生，与我们的生理构造息息相关。某些几何图形错觉，可能是视觉分析器内部的兴奋和抑制的诱导关系造成的。这种关系可能会造成视觉的某些错位现象。

另外，过去的经历，也会导致我们对当下的处境产生错觉。人们对事物的知觉是在自己过去经验的基础上形成的，当目前发生的情境与过去的经验相矛盾时，如果仍然按照经验习惯去知觉当前的事物，那么就容易发生错觉。

虽然，错觉的产生是不可避免的，但并不等于说人不能正确地认识客观事物，相反，利用错觉能够帮助我们更好地认识周围的世界。近年来，人们在对错觉现象进行理论研究的基础上，已经将视野转到利用错觉理论进行产品的研究开发上。目前，错觉已经在电影电视、广告制作、服装设计、商品装潢、军事工程等实际生活的各个领域得到了广泛应用。这些都将利用错觉的原理，为我们呈现一个更契合我们感官体验的世界。

## 为什么常感到手机在振动

在手机没有设置振动功能的情况下，你能感受到你的手机在振动吗？那种"吱吱"的吵闹声，像虫子在叫一样，甚至你的身体也感受到了一种持续的轻微的震颤。正常人很难有这种体验，可是在心理咨询与治疗室，这样的诉说并不是稀罕事。

　　小张在半年前听力出现一些异常：有时明显听见手机在振动，拿起来一看，却什么也没有；有时埋头工作，突然听见旁边有人叫她，猛地一抬起头，却谁也没有。小张心想，可能是工作太繁忙，压力太大，才会出现这种情况，所以，也没有特别重视。谁知道，半年过去，这种幻听却变本加厉，最近，她常常听到一个人在肚子里骂她，这不仅引起小张心理的恐惧感，也让小张变得心神不宁，难以集中精神做其他事情。

　　是小张的耳朵出问题了，还是她身体的其他部分有毛病？我们先来了解一下幻听。

　　幻听就是现实环境中根本就没有这种声源，但患者却实实在在地感受到了某些声响，一般的幻听患者听到的声音主要是人的说话声。其次，幻听还伴随着身体其他的幻觉，比如该患者经常听到有人在旁边喊他的名字。通常，过度疲劳、精神极度紧张和惶恐等情况下，容易出现幻听。

　　当然，以上提到的怪现象只是幻听的部分症状。心理学家经过大量心理学和医学上的临床资料观察，总结出了幻听病人的一些症状：早期，幻听出现次数较少，幻听的虚幻程度较接近真实世界；随着病情的发展，幻听频率上升，内容也变得离奇古怪。在这种大量的虚幻刺激下，患者的精神能量逐渐耗竭，他们再也没有能力分辨出自己到底生活在一个什么样的世界了，感觉自己就像生活在一个梦幻的世界里。一般幻听病人听到的语言多是针对他们自己的，大部分是对他们的议论、批评、命令、攻击等。患者在这些声音的主导下可能去伤害别人或自己。这个时候，患者对于社会来说就成了危险人物，需要接受治疗才行。

幻听深入发展，还伴随着患者和虚幻中的声音的争吵，但在我们看来，他是在自言自语，并伴有脸部肌肉痉挛、精神起伏剧烈的症状。精神分裂症的幻听，往往是随疾病发展而发展，不经治疗很少能自动消失。经过治疗后，幻听随病情好转而逐渐减少，患者对幻听的态度逐渐淡漠，最后幻听消失。幻听的重新出现，往往预示着病情的波动与复发。

此外，幻听的临床表现还分为假幻听和真幻听。通常假幻听患者认为声音不是来自外部，而是来自他的身体内部，比如他的腹部、头部等，他会指着自己的肚子说："你听，他们在开会，商量如何杀死我呢！"而真幻听患者听到的，声音是真实的，他会说："你听，就在门口，那个男人又开始骂我了。"门口确实有个男人在说话，但是并没有骂他。精神分裂症患者的幻听大多为真幻听，也有一些假幻听。

看到各种幻听的怪现象之后，我们不禁要问，幻听是怎样产生的呢？为什么会出现这些奇怪的声音，混淆我们的听觉呢？

心理学家认为，幻听是大脑听觉中枢对信号错误加工的结果。我们生活在一个满是声音刺激的世界，正常人对不同的声音都能给予合理的加工，而幻听患者却错误地加工和解释了这些声音。幻听者是对声音世界进行了主观改造与加工，是加工系统混乱造成的，比如声音刺激和过去的记忆会产生混淆，导致患者的时间感混乱，内外世界混乱，导致对声音来源的判断错误，从而表现出离奇的行为。

综上所述，如果我们常常感觉手机在振动，实际却什么也没发生时，可不要轻易一笑了之，而应慎重对待。如果还伴随有其他的幻听现象，应尽快去心理咨询中心或精神治疗场所进行诊断，将症状遏制在初始阶段，不要让事实上并不存在的声音打乱了我们原本正常的生活。

## 为什么会有似曾相识的感觉

在我们的生活中，不管是看人、看事还是看景，经常会有"似曾相识"的感觉。也就是说，在现实环境中（相对于梦境），我们会突然感到自己曾经亲身经历过某种画面或某些事情。在心理学上，这种体验被称为"既视感"。

看过《红楼梦》的人，应该都记得宝玉与黛玉第一次相见的场景：

宝玉看罢，笑道："这个妹妹我曾见过的。"

贾母笑道："可又是胡说，你又何曾见过他？"

宝玉笑道："虽然未曾见过他，然我看着面善，心里就算是旧相识，今日只作远别重逢，未为不可。"

宝玉在黛玉身上找到似曾相识的感觉，这种经历其实几乎在我们每个人身上都发生过。有些人即使第一次见面，却莫名地觉得亲情和熟悉，仿佛已经认识很久了。为什么会出现这种情况呢？是不是真如一些人所说的存在前生往世呢？

关于这种体验出现的原因，前生往世我们无法作考究，倒是医学家和心理学家们作出了下面一些解释。

首先，似曾相识源自大脑的错误储存。医学上对"似曾相识"有这样一种解释：每个人的大脑都会有一个记忆缓存区域，当你看到一些事情的时候，会把这些记忆先放到缓存区里面。但有的时候，大脑会把这些记忆储存到错误的地方——历史记忆区。于是当我们看着眼前的事情，就会感觉自己好像看到过一样。尤其当我们疲劳的时候，这种现象更容易发生。

其次，似曾相识是过去的记忆惹的祸。心理学家认为，似曾相识感的出现可能是因为我们接收到了太多的信息而没有注意到信息的来源。生活中，我们所经历的事情很多很多，有的我们会刻意记下来，但有的我们却不会在意，这些记忆就变成了无意识的记忆。而当我们面对新的事物和情景的时候，这些事物会刺激我们储藏在大脑里的一些记忆，让我们曾经经历的记忆与现状进行匹配，于是似曾相识的感觉便产生了。

再次，似曾相识是现实与虚拟信息的产物。有一些心理学家也认为，我们未必都真的经历过那些"相匹配"的事情。但是，我们做过相匹配的梦，看过相匹配的小说、电视、电影，它们通过各种虚拟的场景，给我们提供"相匹配"的信息。于是，当我们在面对一些与这些虚拟信息相符合的场景的时候，便会突然想起我们忘记的梦，或者是忘记的小说、电视、电影的情节。这样，便产生了似曾相识的错觉。

这也就是为什么那些经常在外旅游的人、喜欢电影小说的人和想象力丰富的人，似曾相识的感觉在生活中会来得更加频繁。因为他们的信息来源要远比其他人多。

除了以上这些人容易产生似曾相识的感觉，有关研究结果还发现有以下特点的人，比其他人更容易出现似曾相识的情况。

一方面，情绪不稳定的人更容易出现似曾相识的现象。这是因为与情绪相关的记忆我们会更容易记住。所以，曾经的恋人在很多年后，还记得分手前说过的话、经历的事，甚至连一个动作也那么历历在目。

另一方面，青年人和更年期的人，相对于年幼和年老的人，更容易出现"似曾相识"的感觉。这和人体的内在状况有很大关系，由于内分泌剧烈变化，情绪不大稳定，记忆也就变得活跃起来，那些无意识的记忆，不需要去想，就可以深刻地映现在我们的大脑里。

但值得注意的是，过于强烈、过于频繁的"似曾相识"并不好，它意味着储存记忆的脑细胞正遭受着强烈刺激，而这很可能是癫痫的前期症状。所以，在我们的生活中，要细心体察自己的情绪和感觉，学习相关的心理学知识，当出现奇怪的感觉时，可以科学地给自己一个解释。就像对待似曾相识的感觉，既不要将其说得玄乎其玄，也不要忽略其存在，如果频繁出现这种感觉，及时地咨询有关心理专家是最安全的做法。


## 为什么说视觉并不可靠

俗语说"耳听为虚，眼见为实"，这句话意在告诫人们道听途说的不要相信，很可能是虚假的；只有自己亲眼所见才是真实可信的。不可否认，眼睛是人的感觉器官中最直接、最能反映事物原貌的。但眼睛看见的是否真的就是真实可信的呢？

视觉是一个生理学词汇。光作用于视觉器官，使其感受细胞兴奋，其信息经视觉神经系统加工后便产生视觉。人们感知到的很多信息都是通过视觉获得的，而人的心理通常会干扰视觉的正常工作。据统计，在五官中，视觉获得的信息占80%以上。视觉获得的信息并不可靠。

例如，警察在进行犯罪调查需要询问目击者时，目击者的叙述有时会受到先入为主的观念的影响。有人认为自己看到的人与凶犯非常相似，也许他并没有看清那个人手里拿着什么，却会认定他手里拿的是凶器。因此，有些证人的证词反而会将案件调查引入歧途，这也说明人是可以通过想象来制造印象的。

在实际生活中，人的视觉往往产生错觉。产生错觉的原因，除来自客观刺激本身特点的影响外，还有观察者生理上和心理上的原因。来自生理方面的原因是与我们感觉器官的机构和特性有关；来自心理方面的原因是和我们生存的条件以及生活的经验有关。

自古以来，人类就有很多错觉，如不用理智来精细推测，往往会被表面现象迷惑，甚至哲学家也不例外。亚里士多德就曾经认为重的物体比轻的物体落地快，可是后来伽利略的斜塔实验证明他是错的。

我们往往说"一见钟情"，这说明我们对于事物的认识其实是十分模糊的。我们对于一件事物的认识，一般一开始只是对视觉信号进行模糊处理，即只对信号进行轮廓辨认和处理，也即只辨认主要特征。我们只有在多次接触的时候才会注意到更多的细节。这就造成我们被第一印象所欺骗的情况。

## 为什么会"度日如年"

不知道你是否留意过，当做喜欢的事情时，你就觉得时间过得很快；当做一件不喜欢的事情时，你便如坐针毡，觉得时间过得很慢，似乎都过了1小时了，可实际上才过了10分钟。这是因为你对时间的知觉出现了错误。我们对时间长短的感觉，会因在这个时间内所做的事而产生不同的错觉。

时间错觉是指对时间的不正确的知觉。由于受各种因素的影响，人们对时间的估计有时会不符合实际情况——有时估计得过长，有时估计得过短。

一般来说，当活动内容丰富、引起我们的兴趣时，对时间估计容易偏短；当活动内容单调、令人厌倦时，对时间的估计容易偏长。

当情绪愉快时，对时间的估计容易偏短；情绪不佳时，对时间的估计容易偏长。当期待愉快的事情时，往往觉得时间过得慢，时间估计偏长；当害怕不愉快的事情来临时，又觉得时间过得太快，时间估计偏短。此外，人们的时间知觉还具有个体差异性，最容易发生时间错觉现象的是儿童。

人们对时间的错觉容易使人想起爱因斯坦的《相对论》。关于《相对论》，爱因斯坦有一个精妙的比喻："当你和一个美丽的姑娘坐上2小时，你会觉得好像只坐了1分钟；但是在炎炎夏日，如果让你坐在炽热的火炉旁，哪怕只坐上1分钟，你都会感觉好像是坐了2小时。这就是相对论。"

和美丽的姑娘聊天，当然是甜蜜的体验，人人都希望它能长时间持续下去；相反，炎炎夏日，在炽热的火炉边烤着，分分秒秒都是煎熬，自然希望它赶快结束。也许正是因为自己的主观愿望和实际情况的比较，使我们产生了这两种截然相反的时间错觉。我们平时所说的"欢乐嫌时短""寂寞恨更长""光阴似箭""度日如年"，也是这种情况的体现。

在一个时间周期内，人们往往感觉到前慢后快。比如，一个星期，前几天相对于后几天感觉慢，过了星期三，一晃便到了星期天。一段假期，前半段时间相对后半段显得慢，当过了一半时间，便觉得越来越快。所以有人说："年怕中秋日怕午，星期就怕礼拜三。"出现这种现象的原因是：在一段时间的前期，你觉得后面的时间还很多，不着急，就感到时间慢；越到后来，你越感到时间所剩不多就越感到着急，也就觉得时间过得快。

人生也有这个规律，人在童年时代感到时间过得慢，就像歌里唱的，"那时候天总是很蓝，日子总过得太慢"，因为你觉得以后时间还有的是。等年龄渐长，尤其过了 30 岁，就感到时间不那么多了，于是开始着急，也就觉得时间过得快了。

## 有人爱看色彩，有人爱看形状

我们在观察和认知事物的过程中，通常会受颜色和形状的影响。一般情况下，我们会凭直觉进行判断，选出自己中意的商品。不过，每个人的直觉"依据"都有所不同，有人受形状的影响比较大，有人则受颜色的影响比较大。前者被称为"形型人"，后者被称为"色型人"。

根据现有的研究结果可知，人类的大脑在发育过程中，对颜色的认知要早于对形状的认知。一般来说，九岁以下的儿童大部分都属于色型人，他们对色彩相对敏感，能迅速地记住各种颜色，并试图将其表现出来。色彩，是这个阶段的儿童认识外部世界的最直观途径。但到了九岁左右，大多数儿童会转变为形型人，他们开始被形状吸引。形状取代色彩，成为他们观察世界的重点。这种转变将一直保持到成年后，因此，大多数成年人都属于形型人。

当然很多时候，对色彩或形状的"偏爱"也会因人而异。比如，选择一件商品时，如果功能、品质、价格完全相同，我们会根据什么做出选择？是颜色，还是形状？答案并不总是偏向形状。

有心理学家对此作了相关的调查研究，结果表明，男性中形型人略多，而女性中色型人稍多。从年龄段上进行分析，二三十岁的女性中色型人居多，尤其是三十多岁的女性，色型人的比例达到70%。可见，成年人中色型人的比例较高。对此，心理学家的解释是，日常所见的事物对大脑的发展会产生刺激，而现代社会中，色彩比以前要丰富得多。身处色彩缤纷的世界中，人对颜色也会变得敏感，色型人也因此增加。

在实验调查过程中，心理学家还发现了一个有趣的现象：假如一个人的主要工作是绘制色彩丰富的图案，那他与颜色相关的细胞一定相对发达。而长年看某种特定形状的人，对该形状产生反应的细胞自然发展迅速。

可见生活环境和自身经历，也会影响我们大脑对色彩和形状的敏感度。其实，对环境做出反应的这种大脑系统，并非人类的专利。有实验表明，在正常环境中喂养动物，动物对各种光的刺激做出反应的细胞均得到发展。在竖条纹的房间中喂养动物，动物只有对竖条纹做出反应的细胞得到发展，而对横条纹做出反应的细胞几乎不存在。

这就是为什么生活环境相同的人，比如夫妻、兄弟姐妹、朋友同事，多属于同一类型。因为生活环境相同的人，常常看到的都是一样的颜色和形状，对颜色和形状产生反应的细胞发达程度也大体相当，从而产生了对色彩或形状相类似的偏好。

那么，我们的成长经历和生活环境影响了我们对色彩和形状的感知，那么反过来，对色彩或形状的感知又会对我们自身的成长产生什么样的影响呢？色型人和形型人之间又有什么差别呢？很多心理学家进一步研究了这两类人的性格差异。

德国精神病理学家恩斯特·克雷奇默在性格分析研究领域颇有建树，而他的学生们则对色型人和形型人的性格差异进行了研究，并搜集到大量有价值的数据。根据他们的研究成果可知，容易受形状影响的人不善言谈，社交是他们的弱项；而容易受颜色影响的人，性格开朗，善于交际。

但是，也有持相反意见的，认为色型人趋向内向，神经敏感，形型人则性格爽朗。对于这些认识上的差异，我们不必要深究。重要的是，了解其中的原理，并能在平时的生活中，有意义地去提高对色彩和形状的感知，尤其是在幼儿的培养和智力的开发过程中，多让孩子接触五颜六色的东西，多给孩子玩不同形状的玩具，这些都有利于刺激他们大脑对色彩和形状的感知，促进其智力的发育。

## 如何做到一目十行

我们常常用"一目十行"来形容一个人读书的速度之快，那么我们可曾想过，怎样才能做到"一目十行"呢？如果没有每一个字都看清楚，又是怎样做到将字里行间的意思融会贯通的呢？这就涉及感知心理中的脉络效应了。脉络效应可以加快我们的阅读速度，同时，也可能让我们忽略细小的错误。

我们不妨来看一下下面这个小朋友和母亲逛街购物后写下的日记：

7月3日晴

今天，和母亲一起去西单和王井府买东西。王井府很热闹，我们买了很多东西，下次母亲再去王井府，我还跟她一起去！

看完这篇日记，可有发现异常之处，相信很多人的答案都是：没什么异常。那么，请再仔细看一遍。实际上，"王府井"写成了"王井府"。但是，很多人都没有看出来。一般都是注意力特别集中的人，才能发现这一错误。

为什么连续几处的明显错误没能引起读者的注意，被略过了呢？这是因为读文章时，大部分人都会跟随文章的脉络推测下面的内容。受到前面"西单"的影响，大多数人都会推测后面并列的也是地名，于是对后面的内容只是大体浏览一眼，便估计就是"王府井"，所以，就不太容易发现其中的错误。这正是"脉络效应"所导致的。

除了文字认知存在脉络效应，图形和听觉等认知也存在脉络效应。例如，如果单纯地把〇和△罗列起来，我们看不出它们代表什么。但如果勾勒出脸的轮廓，我们就能看出〇是眼睛，△是嘴巴。单独把眼睛、耳朵、鼻子等器官画出来时，如果画得不够生动形象，有时别人看了也难以识别。可是，如果先把一张脸的轮廓画出来，再把器官安放在脸上适当的位置上，那么即使画得不太形象，我们也能迅速认出这是眼睛那是鼻子或耳朵。在这里，脸的轮廓也是一种脉络，它可以帮助我们一眼识别眼睛、耳朵和鼻子等器官。

脉络效应的"威力"相当强大，我们很多人在不知不觉中都受到它的影响。比如，我们常常将手写的"13"和"B"混淆，而只有与前后文相联系，我们才能将二者快速识别。又比如，写电子邮件时，我们写完一般都会回头检查一遍，以确认没有错别字和漏字。可是，通常都很少发现错误。其实，这就是受到脉络效应影响的结果。

事后发现时，对于因自己的疏忽大意犯的错误，我们也许会感到悔恨和气愤。其实不必大惊小怪，这只是我们认知系统的特性之一，而且每个人都会犯这样的错误。

脉络效应对认知的影响，也提醒我们"一目十行"要视情况而定，需要仔细阅读的文章、文件，或者在做文字校对工作过程中，为了确保更高的准确率，我们不要一味追求速度而忽视质量，而应该一字一句地细心阅读，才能尽量避开脉络效应的影响。

# 第五章

# 压力无处释放

## 为什么说脏话竟让我们更痛快

现代社会生活节奏越来越快，人们的生存压力也越来越大。在这样的环境下，人们常常感到压抑，并希望能够发泄一下。为了发泄，有人猛吃畅饮，有人参加蹦极，有人与朋友一起狂欢，有人则是张口大骂。在我们所能采用的宣泄途径中，说脏话无疑是最容易实现的选择。

"我承认我有时是故意在某些场合爆粗口，"身为老师的许小美这样描述自己，"而另外一些时候，我尽量克制也无法挡住那些从我口中冒出来的脏话。我在学生面前已经忍够了！有人认为我是装酷，事实是，某些时刻只有脏话才能让我感觉真实。"

我们不得不承认，遇到可恶之人时，我们真想揍他们一顿，但事实上，绝大多数时间你没有碰过他们，最多只是骂几句。此时，这些脏话就代替了你的拳头。因为脏话让你的不满情绪得到了很好的发泄。

另外，在某些特殊的场合，说脏话能帮助我们更快地融入团体。如果一群朋友邀请你参加派对，在场的每个人都在抽烟，你就很难不抽，哪怕其实很讨厌抽烟。同样，当大家都在说脏话发泄不满情绪时，如果你独善其身就显得有些另类。而一旦你也加入其中，立刻表明你是"我们的人"，你们之间的谈话是"我们的谈话"，从而拉近朋友之间的心理距离，营造出轻松愉快的谈话氛围。

由此可见，说脏话并不是不可以的，关键要看场合。

## 为什么女人都爱非理性购物

犹太人有一个致富信条：女人和孩子的钱最好赚。当代都市白领女性以其消费潜力之巨大，越来越引起诸多商家的重视，她们也因此被称为"黄金商群"。她们大多具有独立的经济基础，购物频繁。因此商家们大都有这样一种认识，谁抓住了女性，谁就抓住了赚钱的机会。

对于许多白领女性来说，她们爱上的是一种购物的乐趣，而不仅仅是所购买的东西本身。逛街对她们来说，既是一项释放压力、放松心情的活动，也是为了购买美丽的衣物饰品，以增添自己的风采。

由于工作压力大，职场竞争十分激烈，女白领们要想打拼出一片属于自己的天空，必须付出比男人更多的精力。因此，为了释放生活和工作中的压力，她们不停地购物以安慰自己，并从中获得满足。

纪芳是一家知名公司的高管，各方面的待遇都相当不错，但是她自己也承认："有时候，工作的压力几乎要把自己逼疯了。"

每当压力大或者情绪不好时，她总是选择购物来释放自己压抑的心情。有时是喜欢的化妆品，有时是服装或时髦的饰品。总之，纪芳的购物欲越来越不受自己的控制。在那些布满时尚店铺的商业街中，不到 15 分钟，她就可以花掉两千多元。

然而这种冲动会时常让她陷入愧疚和不安中，她说其实自己都不知道这一切是怎样发生的。但只要一走进商场，自己就会习惯地买点东西，否则心理就感觉特别失落。另外，她总是感觉自己的工作压力越来越大，购物就是最合适自己的解压方式。

纪芳的冲动购物行为其实是面对工作压力时的一种释放方式。尽管她已经深深地意识到这种行为的危害，但她还是无法改变现状。

大多数女性都认为抵御商场的诱惑是件很困难的事情，但是，尽管困难重重，我们还是需要尝试着做些努力，控制自己的消费。

第一，思考十秒再决定。当我们在每次考虑购买商品，请给自己十秒钟的考虑时间。问问自己是否真的需要。

第二，不要随身带信用卡或过多的现金。如果我们的手中有钱或者钱包里有信用卡，会比身上没带钱或信用卡时更容易买东西。因此，出门时不要随时带信用卡或过多的现金，带够你要买的东西的钱即可。

第三，避开容易花钱的环境。充满着花钱机会的环境非常容易让我们有购物的欲望。如果有人建议去购物中心，或者其他休闲的地方，不如去公园或博物馆等公共休闲场所。

第四，养成规律开支的习惯。月初制订开支计划，列出各种开支的预计金额，如果没有特殊情况，告诉自己不要超过这个额度。每周一次或每月一次，定时采购生活必需品。刚开始也许很难，但只要坚持，就能形成一种习惯。

第五，找一个免费的解压方式。事实上，缓解压力的方式很多。比如做健身运动、阅读、听音乐、写日记，等等。

## 为什么说懂得宣泄愤怒的人更健康

当愿望不能实现时，人们通常会有一种紧张而不愉快的情绪。有人认为应该把不愉快的情绪发泄出来，这样才能让自己变得平静。也有人说释放愤怒时容易做出不理智的行为，我们应该淡定。

通常情况下，人们往往只从负面角度去理解"发泄"这个词，认为"发泄"具有破坏性。但事实是发泄也可以不那么疾风骤雨，甚至可以是平静的。发泄的方式有很多，如哭泣、倾诉、唱歌、垂钓等。那么愤怒应不应该发泄出来呢？

加州心理学家和婚姻咨询师乔治·巴哈博士，曾接待过几对以消极方式表达愤怒的夫妇，他们采用非身体性攻击手段发泄愤怒。巴哈博士得出结论，不会正确表达愤怒并因此不公正地还击的夫妇，通常关系很坏。

巴哈博士及其他专家认为，愤怒一类的消极情绪可以通过正确渠道排泄出去。他们呼吁人们学习"创造性争吵"，表达愤怒但不贬损对方或伤害对方的自尊。这个方法要求双方在不损害双方关系的基础上，坦诚表达各自的情绪。

不少心理学家都认为人的心理疾病往往是由于压抑引起的。咨询师通常让寻求帮助的来访者先尽量发泄他们的情绪。基于这个原因，一些公司设立了"发泄屋"，让那些在工作中受了委屈的员工到此发泄愤怒的怨气。来时每个人都怒气冲冲，去时大家则心情舒畅。

任何事情都可能导致人们产生愤怒的情绪。把愤怒宣泄出来是好的，但要选择成熟的表达方式——愤怒的表达不是为了让某一方狼狈不堪。

研究表明，恰当宣泄愤怒的人在成长过程中较少出现情绪和社会问题。只要我们能够恰当地、富有成效地宣泄，愤怒不一定是毁灭性的。

## 为什么有些人容易出轨

根据专家对离婚率的统计得出，80% 以上的情感关系破裂，是因为第三者的介入。60% 以上的人曾遭遇过不同程度的身体出轨或精神出轨。50% 以上的人认为自己的出轨是"鬼使神差"，虽然出轨后会觉得很后悔，但很享受出轨给自己带来的前所未有的刺激感。当专家问及是否愿意重蹈覆辙，大部分人普遍表示沉默，表示"说不准"。同时，几乎所有的人都认为，出轨后自己再也无法回归到原先的婚姻轨道上。很多夫妻离婚的第一原因是——出轨。为什么有些人会那么容易经受不住诱惑主动或被动地出轨呢？现代人的出轨很多都是出于一种不自觉的行为。这是一种病态心理，可以称为"出轨癖"。是由于压力过大，需要通过出轨寻求压力的释放点。

小郝从来没想过婚外情会发生在自己的丈夫身上。无论是相貌、身材还是工作都令人羡慕的小郝一直对自己充满信心。她甚至有点轻视那些"管不住"丈夫的女人。直到有一天，她发现了丈夫王东手机里有着一连串暧昧露骨的短信。丈夫和别的女人早已经发展到了令她难堪的地步。那一瞬间，小郝多年来对丈夫的信任全盘崩溃。看到妻子歇斯底里的模样，王东吓坏了，他本来就是"妻管严"，现在更是六神无主，怕把事情闹大。他抱着"打死也不说"的心态，拼命否认，解释那只是无聊发着玩的。但小郝是眼里不藏沙子的那种人，她暗中开始调查，一个个打电话给丈夫的朋友、同事，最终知道了是丈夫的一个新下属，除了年轻一点外，姿色和能力远比不上小郝。等到小郝跑去王东的单位羞辱那个女孩，事情终于到了不可挽回的地步——王东被迫暂时停职，而那个女孩也消失了。

王东沮丧极了，他没想和那个女孩怎么样，就是感到和妻子在一起压力太大，想出来"透透气"。但"透气"的后果太严重了——妻子要离婚，自己的工作也快保不住了。再加上朋友、客户都知道了这件事，让他更加脸面无光。朋友倒没什么，都过来安慰他。多年维系的客户都认为他品行不好，不愿意再和他做生意了。"原本是歉疚，现在则是恨。"王东觉得妻子做得太过分了，对一个男人来说，事业太重要了。赌气之下，他同意了离婚。

现代社会，越来越多的人把出轨作为缓解婚姻压力、社会压力的一种宣泄口。尤其是那些对自己事业不满意或者娶了女强人的男人。他们因长期无法满足自己在社会、家庭上取得绝对的支配作用而备受压抑，心理累积的压力越来越多，他们就需要宣泄以维持男性的自尊心。一旦遇到一个小小的诱惑，他们就无法抵制，出轨成了他们释放压力的一种寄托。

他们把出轨作为一种"负面情感的发泄口"，甚至还有人抛出这么一种论调——"出轨能拯救婚姻"。因为他们不懂得怎样更好地释放心中的压力，只好通过一种极端的方法转移压力，以暂时的心理刺激使压力得到暂时的释放。但随之而来的因社会的无法认同而带来的种种压力又使他们放弃了此段出轨经历，再陷入另一段出轨经历之中。长此以往，他们就形成了一种"出轨癖"的变态心理。

如今，社会的出轨成本越来越低，高速发展的网络社会给越来越多的人提供了便利的机会。无论是婚姻上的不满、工作上的压力，还是人际相处的种种问题都可以透过电脑屏幕、通过虚拟的网络平台获得宣泄的机会。通过网络，对方不仅倾听了你的不满，甚至还充当了开导者的角色。心理的压力得到释放，人感觉轻松了，但是对网络的依赖就会越来越大，出轨的概率也更大。大部分人会越来越觉得妻子怎么没有屏幕里的那个人那么善解人意，怎么会那么无理取闹而令人厌烦。不满的情绪随之而生，他们又不断地在网络上寻求"负面情感的发泄口"。出轨，就变成了可能，变成了他们发泄内心压力的渠道。

社会环境的复杂多变造成个人心灵和际遇的嬗变，面对着这种为发泄压力而出轨的行为，心理学家建议，夫妻双方应增强彼此之间的交流。虽然这对解除当时的压力"无济于事"，但从长远上看确实有益。对于个人，自己也应主动采取各种措施缓解压力，比如通过运动转移压力。另外，如果家里有孩子，可以把精力放在孩子身上，寻求双方的共同点。如果夫妻有一方压力很大，另一方则要多花点时间和对方谈谈，帮助其建立信心，并表示自己会时刻支持对方。此外，得给彼此留有一定的空间。

## 为什么有时候人要"看小"自己

如今，越来越多的人倾向于追求一种完美的生活，无论是自己的外表、工作能力还是人际关系，都希望自己达到完美状态。但我们都知道，"尺有所短，寸有所长"，一个人若刻意追求"面面俱到"，欲使自己在人前人后占尽风光，其结果只能是徒耗精力，使自己备受压力。

一位作家的寓所附近有一个卖油面的小摊子。一次，这位作家带孩子散步路过，看到摊子的生意极好，所有的椅子都坐满了人。

作家和孩子驻足观看，只见卖面的小贩把油面放进烫面用的竹捞子里，一把塞一个，仅在刹那间就塞了十几把，然后他把叠成长串的竹捞子放进锅里。

接着他又以极快的速度，熟练地将十几个碗一字排开，放盐、味精等佐料，随后他捞面、加汤，做好十几碗面的时间竟不到五分钟，而且还边煮边和顾客聊着天。

作家和孩子都看呆了，当他们从面摊离开的时候，孩子突然抬起头来说："爸爸，我猜如果你和卖面的比赛卖面，你一定输！"

对于孩子突如其来的话，作家莞尔一笑，并且立即坦然承认，自己一定会输给卖面的人。作家说："不只会输，而且会输得很惨。在这个世界上我是会输给很多人的。"

之后，他们在豆浆店里看伙计揉面粉做油条，看油条在锅中胀大而充满神奇的美感，作家就对孩子说："爸爸比不上炸油条的人。"

他们在饺子馆，看见一个伙计包饺子如同变魔术一样，动作轻快，双手一捏，个个饺子大小如一，晶莹剔透，作家又对孩子说："爸爸比不上包饺子的人。"

例子中的父亲是个能坦然承认自己技不如人的人。他适当地"看小"了自己，没有事事都要求自己得强于他人，得尽善尽美。他还言传身教地把这种豁达的生活态度教给自己的孩子，使他在今后的生活中，能坦然面对自己的弱势，不因虚荣而盲目与人、与自己较劲，这不能不说是一种明智之举。父亲在坦然面对不足之处的时候，也给自己卸下了不少压力。他不用为了让孩子觉得他是全世界最强的人而让自己学习更多他本来就不会的东西，不用为了维护自己高大的形象而不断地逼迫自己承担本来没必要承担的责任。

人真的没有必要妄自尊大，适当地"看小"自己，能使自己免于承担更多本来不必要承担的责任。要知道，完美只是一种理想境界。人可以接近完美，但不可能达到完美。美国前总统富兰克林·罗斯福曾这么对民众坦诚——如果他的决策能够达到 75% 的正确率，那就达到了他预期的最高标准了。罗斯福尚且如此，我们又何必对自己一味地苛求呢？当我们每完成一项工作以后，可以反思，也应该总结。但千万不要因一点小小的缺憾而自责。试想，当你因过分追求完美而陷入自责的怪圈，到时懊悔、伤心、失望，种种负面情绪堆积成的压力都快把你压得透不过气，你还有闲心思去改进工作吗？

所以，适当地把自己"看小"，把自己放低，不刻意地追求完美，甚至学会放弃，这对于压力的缓解是有益无害的。"塞翁失马，焉知非福"。我们要学会放弃，为得到而放弃。生活中，大部分人心里都在想如何更多地"拥有"，如金钱、地位、权力、信任、知识、经验、能力、学历、人际关系，一样都不能少，通吃最好。结果是拥有得越多，心理包袱就越大、越重。事实上，拥有其中的某些对自己来说是最重要、最必要的，已经足以让大部分人感受到幸福了。所以，放弃一些对于自己来说不那么重要、不那么必要的，人也就会轻松得多。

当人们放眼这个世界的时候，如果以自我为中心，就会觉得自己很了不起。可一旦人们以坦诚的心去内观自己，就会发现其实自己是多么的渺小。我们什么时候看清自己不如人的地方，那就是对生命真正有信心的时候。

生活不是为了工作，而工作是为了生活。如果本末倒置，仅为工作而生活，就徒然让自己陷入压力怪圈。适当地"看小"自己，该负责的工作认真完成，不属于自己工作的范畴，如果有兴趣便试着学习，如果没兴趣就不用强迫自己去接受。

如果人总在追求完美，死不认输，最后因无法承担过大的压力而使自己输掉整个人生，那岂不是得不偿失。所以，要正确剖析自己，敢于承认自己技不如人，敢于"看小"自己，走出围城，这不是软弱，而是一种人生智慧。

## 为什么人在夜晚感情最丰富

许多文字工作者喜欢在夜晚工作，因为那个时候他们能写出感情充沛、有感染力的文章。同时，因为在夜晚人容易变得冲动，犯罪活动也多发生在夜晚。我们经常会有这样的感觉，晚上我们似乎远离了现实，心情舒畅，一切困难似乎都算不上什么，而清早醒来，回到了现实中，忧愁烦恼似乎又回来了。

为什么会有这种情况呢？

因为人的新陈代谢在早晨比较缓慢，血糖含量处于一天中最低水平，人的思维活动不会太活跃。晚上，人的新陈代谢比较活跃，有足够的能量来支持思维活动，因此往往能够更加集中注意力，思维也更加灵活。

人在晚上无须扮演太多社会角色，多会进行无意识的思想活动。而在白天，人们要扮演社会角色，进行的思想活动都是有意识的。夜晚正是人们思想活动从有意识到无意识转变的过渡阶段。此时，人们更容易用心去感受这个世界，处理一些事情。

其实，人本身就有制造快乐的能力。白天，人们在扮演社会角色的同时会更多地把希望寄托在外界，希望外界刺激能带给自己快乐，而不是依靠自身去制造和享受快乐。晚上，人们回归家庭，不需要承担来自外界的压力，也不需要把希望完全寄托在外界环境当中，能够有更多的精力去想自己的事情。

人在晚上感情丰富，与感觉系统活动规律有关。白天，人的感觉器官、视听系统被高度利用，忙于接收外界信息，处于相对疲惫的状态。晚上，外界环境变化，光线变暗，噪音降低，人们接受的视听刺激变小，从而可以集中注意力考虑问题。


## 为什么有人爱偷窃

2002 年 10 月，某大学发生了一件奇怪的盗窃案。仅两个月时间，一新生女寝室频繁被盗，被盗次数达 20 余次。奇怪的是，被盗钱物每次价值均在百元以下，被盗物品仅仅是日常生活所需的牛奶、水果、零钱等，而放在寝室的大额现金、银行卡及手提电脑等贵重物品却没有被盗。

经过一番调查，疑点开始集中到一位叫芸的女生身上。当名单报上去时，学校老师非常惊讶。芸在学校各科成绩都非常好，学习也特别刻苦，是什么原因让这个尖子生走上这条路呢？是贫穷，还是其他？

起初，芸誓不承认。后来辅导员反复地做思想工作，她才开始认错。当问到偷盗的目的时，她的回答令在场的每一个人吃惊。她说，她从不缺吃少穿，她偷东西仅仅是为了报复周围的人，从中找到快感。

为什么学习上一向表现优秀的芸会做出这种大家所不齿的行为呢？主要是因为芸总是对身边的人无法产生信任感，甚至充满敌意。在偷窃中她觉得自己实现了对他人的报复，于是充满了胜利的喜悦。

那么又是什么原因，让芸形成这种孤僻的性格，在人际交往中始终对人充满敌意呢？在调查访谈中，我们了解到，芸这种对他人的敌意，是从小时候耳闻目睹了别人对母亲的不公后开始的。

芸的母亲能干善良，对邻居特别友善。但是她却一直生活在别人对母亲的嘲笑与轻视里。大一点她才知道，别人看不起母亲，仅仅是因为母亲生得特别矮小，五官看上去有一些不协调。

从初中开始，芸一直发奋读书，期望考上好的学校后以自己的能力向别人证明自己，也为母亲讨回尊严。但是尽管成绩再好，因家庭环境的影响，同学仍然看不起她。在学校，她常常一个人独来独往，给同学的印象是性情孤僻、不好相处的那种。所以，在学校里几乎没有人愿意和她做朋友。有时，她甚至觉得周围的同学都在私底下取笑自己、取笑母亲。

在这种环境下，她常常感到自卑和绝望，似乎无论自己如何努力，也摆脱不了别人轻蔑的眼光。在压抑与愤怒之中，她便想到了报复。不管是邻居，还是同学，谁看不起她，她就偷谁的心爱之物。她发现，每偷盗成功一次，她就能从中获得一种极大的快感。

有专家指出，发生在这名女生身上的这种偷窃属于心理不卫生行为。很多时候，事发后，有这样畸形偷窃心理的人，无一例外地受到学校的严厉处分。若他们的心理得不到及时疏导，很容易发展成为严重的抑郁症。

正确的做法应该是给他们更多心理上的关爱，找到他们心理问题的根源，对症下药，及时给予心理的疏导和指引，让他们回到正确的人格轨道上来。作为父母，在事发之后，应避免打骂或羞辱孩子，而应站在孩子一边，给孩子更多理解和帮助。而作为学校，应建立有效的心理疏导机制，让孩子在遭遇精神苦闷时能找到倾诉对象，大胆讲述自己的精神障碍，促进孩子健康人格的及早形成。

总之，很多孩子犯错并不仅仅是他们自身的错，而是我们教育的一种失误，在重视对孩子的智力教育的同时，孩子的健康人格教育应引起家长、学校、社会的关注。


## 为什么有些人总爱插话

现实生活中往往有人话特别多，总喜欢在别人说话的时候插上几句。在朋友聚会、公众场所甚至在单独的闲聊中，你可能都遇到过一些喜欢打断别人谈话的人，未等你把话说完，他们就迫不及待地插上一句。这往往让我们很不舒服。

再如，每当大人讲话时，孩子总是爱插话，要不就故意制造点噪音，以此获得大人的关注。通常这些孩子都比较自我，希望得到社会（大人世界）的认同，并且有着被关爱和关注的强烈需求。如果他们的这种需求没有得到满足，便常常以插话来获得。面对这样的孩子，大人可以给其自我表达的机会，在他畅所欲言后，再提醒他应该给他人说话的机会，从而帮助孩子健康成长。

我们知道，打断别人说话是非常无礼的表现。尽管如此，在日常生活中，你可能还是会遇到这样的人，他们很热衷交谈，当别人阐述自己的观点时，总喜欢打断别人。这样的人往往会遭人厌烦，别人也不愿与其交流。但你越是不想和他们说话，他们得不到周围的认同，就越喜欢加入你们的谈话中来，越爱插上几句。他们为什么喜欢这样呢？遇到这样的人，我们又该如何应对呢？

我们每个人都经历了这样一个阶段，即从青春期的自我中心阶段过渡到成人期的自我互动阶段。在自我中心阶段，青少年以为自己是世界上独一无二的存在，是最值得关注的。他们过分关注自我内心的感受，不懂得去照顾别人的真实感受，所以，当他人正在说话时，他们总是去打断别人，以证明自己的存在，并希望得到他人的认同。

要解决这个问题，就得不断地调整自己在社会中的自我认同机制，达到一种良性的认同；同时，当要打断别人时，提醒自己"多给别人一些表达的机会，并从中找到自我发展的资源，获得人际双赢"。如果在生活中遇到这类人，起初你可以多给他们一些自我表达的机会，然后用语言暗示他："现在我可以说了吗？"你也可以善意提醒他们："希望我说的时候，你先不要插话，好吗？"这种方式可以提醒他们调整自己的人际沟通方式，使其与他人更顺畅地交流。

所以，碰到爱插话的人，不要讨厌他们，也不要对他们翻白眼，只要给他们表达的机会，认同他们的观点，他们就能慢慢改变打断别人说话的毛病。

## 心理垃圾要随时清理

有没有试过在一个月没整理的包包里翻寻一件小物品，这时，是不是觉得怎么也找不到，恨不得把整个包包翻过来，把所有的东西都倒出来。心理压力的问题也是这个道理，如果不及时把心理的垃圾清扫出来，就会因累积太多而占据了内心太多的空间，最后，除了不快、压力等负面情绪，其他积极向上的情绪都会被排挤出去。要想解决这个问题其实也很简单，那就是定期把东西全倒出来。

一天深夜，一位医生突然接到一个陌生妇女打来的电话，对方的第一句话就是："我恨透他了！""他是谁？"医生问。"他是我的丈夫！"医生感到突然，于是礼貌地告诉她，她打错了电话。但是，这位妇女好像没听见似的，絮絮叨叨地说个不停。她告诉医生，自己一天到晚照顾四个小孩，丈夫却以为自己是在家里享福。平时她想出去散散心或者和朋友聚餐，丈夫老是反对。然而丈夫自己却每天晚上出去，说是有应酬，可谁会相信呢，反正她自己是不会相信的。尽管医生一再打断她的话，告诉她，他并不认识她，但她还是坚持把自己的话说完。最后，她对这位素不相识的医生说，她知道他不认识她，就是因为俩人是陌生人，她才敢把这些压抑了这么久都没发泄的心理垃圾对他说。在向医生表达了深深的歉意后，妇女满意地挂上了电话。

大部分人在面对压力的时候，会选择向朋友诉说，觉得这样总比闷在心里好。但事实上，很多事是没办法完完全全、坦坦白白地跟朋友诉说的。很多人觉得什么隐私都告诉朋友的话，这样的自己就如同一个赤身裸体的人直接地摆在朋友面前，这会令人感到尴尬，觉得难堪。更有甚者觉得，如果向朋友发泄多了，朋友把自己视作"祥林嫂"之类的人，岂不是更惨。所以，很多人都觉得很难找到一个合适的倾诉者。这时找一个合适的陌生人倾诉倒是个不错的建议。陌生人不了解你曾经的故事，对你的未来也不会参与，而且，你们不会干预到彼此的生活。这也是大多数人在面对陌生人的时候更容易说出心里话的原因。

适当的情绪宣泄就好像在定时地为自己的心理排毒。当人们感到愤怒、不满、抱怨等不良情绪在内心聚集时，及时的宣泄对于身心健康是十分必要的。它能让我们感觉到似乎没那么生气了，心里能装得下一些快乐积极的情绪了。这便是心理学上常说的"霍桑效应"。它指的是一种情绪上的宣泄。

"霍桑效应"来源于美国国家研究委员会对霍桑工厂的调研得出的一个结果。霍桑工厂是美国芝加哥郊外一个制造电话交换机的工厂。它拥有较为完善的娱乐设施、医疗制度和养老金制度。但令人匪夷所思的是，这个工厂的员工经常抱怨自己的待遇不好，有时甚至还因为情绪影响了工作效率。为了探寻原因，研究人员对霍桑工厂进行了一系列的实验研究。

在这些研究实验中，有一个被称作"谈话实验"的重要环节，即专家们历时两年多的时间分别找工人们进行推心置腹的谈话，耐心倾听他们对待遇、环境等方面的意见和不满，并将他们的言论记录在案。令人惊讶的是，经过"谈话实验"后，霍桑工厂的工人们不再抱怨，干活时更加卖力，工厂的产量自然大幅度提高了。

原来，工人们在长期的工作中对工厂的各种规章制度、工作环境、福利待遇等方面心有不满，但这些不满情绪又找不到地方宣泄，长年累月的积累后便演变为抱怨、抵触等负面情绪。他们将这种情绪带到工作中，自然影响了工作效率。而"谈话实验"使他们将这些不满及时地、尽情地宣泄出来，他们因此感到心情舒畅，干劲倍增。于是，社会心理学家将这种奇妙的现象称为"霍桑效应"。

人在一生中会产生数不清的意愿和情绪，但最终能实现、能满足的却为数不多。对那些未能实现的意愿和未能满足的情绪，千万不能压抑着不让它发泄出来，不然的话，很容易产生种种压力。人们应该知道，压力不是一种想象出来的疾病，而是身体的一种"备战状态"，是因为身体意识到了某件事情具有潜在的威胁性而做出的反应。如果你恰好在进行一项耗费工作记忆的复杂的思考工作，或是在解决推理问题，仅仅是焦虑本身就会让你发生思维短路。所以，我们要千方百计地让它宣泄出来，这样既有利于我们的身心健康，又有助于提高工作效率。

所以，要允许自己软弱，要尊重自己所有的情绪。该笑的时候笑，该哭的时候哭。知足常乐才是人生最好的心态。要知道，伤害往往发生在你力不从心的时候。如果你只是个杯子，那就不要去干暖水壶才能做的事。适当地放下，为自己而活，你会发现快乐其实很简单，世界从此不同。


## 为什么撒娇能释放压力

人只要生活在这个世界中，就不可避免地需要和自己、和他人建立亲密、和谐的关系。但快节奏的生活往往会使人承担着来自学业、职场、家庭等很多或重或轻的压力。这时，适当向自己撒撒娇，可释放压力，肯定自己，增强信心；向他人撒撒娇，弱化自己的气场，强化人际关系，舒缓他人给你带来的压力。

很多人都认为撒娇只是心智不够成熟的人喜欢做的事，甚至有些成年人觉得现在再向父母、恋（爱）人、朋友等撒娇是件很伤面子、很令人难堪的事。所以，一些难以说出口的压力就一直在内心积淀着，难以找到发泄的突破口。可是，你知道撒娇也是一种舒缓压力、释放压力的好方法吗？很多难以言说的话语，通过撒娇巧妙地发泄，能达到意想不到的效果。

如果两个人刚好处于情感的低潮期，或者刚好吵架冷战，一句"我病了，我痛"能够勾起对方的关怀，起到挽回破裂关系的妙用。因此，只要无伤大雅，男女朋友之间私密的撒娇话，通常是最有效的降温药。男生若能巧用撒娇这招，欲挽回女生的心也绝不是件难事。

在感情关系上，如果能把这种撒娇哲学运用得当的话，缓解情侣间相处的压力不是件难事。其中，最有效的当属"痛症"的活用，这是男女互相修补关系最常用的撒娇绝招。

有些人会说，对着恋人撒娇那是无可厚非的事，但你能对着老板、同事撒娇吗？不行吧，所以职场压力还是没解决啊！是谁说职场上就一定得以强碰强呢？我们应该学会以柔克刚。

大部分职场中人觉得压力最大的莫过于人际关系。想要有良好的人际关系，就要学会沟通，而偶尔适当地撒个娇对沟通有益无害。

撒娇之术的高明之处在于能够缓解相处过程中带来的压力。撒娇术练到高明至极的人是最懂维护沟通心理学的。客户高兴，老板受益，一切矛盾、冲突和个人问题都在言谈之中悄然化解，变得容易协调。职场上撒聪明的娇能制造双赢局面，一方面既克制自己，又降低了攻击性，另一方面则容易赢取对方的信任。

在职场上，如果事事追求完美，不仅会在无形中使自己倍感压力，而且会使自己与同事的关系难以融洽相处。人对于过于追求完美的人总是心存距离，这样就容易被同事排挤，如果事情无法达到自己想要的要求的话，则会打击自己的信心。无形之中压力就会越积越多。怎样才能改变这种局面呢？适当地调整自己的心理，以无伤自尊又不失大雅的方式撒个娇，把荣誉让给同事、领导。能维护他人的面子和权威，工作气氛良好，才能有利于缓解自己周围环境所带来的压力，才有助于自己掌握提升的机会。给足他人面子，才能获得更多的发展空间。

说到底，改善心理的最高境界是自疗，也是最彻底最有效的治疗态度。人活得最自在的状态是自我认同、自我满足。要做到这点，向自己撒个娇是一种有效的办法。

我们每天想得太多乐得太少，压力就像空气般环绕在周围，这时，和恋人撒个娇，以舒缓压抑和不安情绪。如果还是做不到向他人撒娇的话，试着跟自己撒个娇，例如说"今天好累呀，你就让我休息一晚，明天再奋斗吧""今天我才不要让自己煮菜做饭呢"……把自己不想做的事、不想说的话和不想见的人暂时放下，跟自己撒个娇，不硬逼着自己承受一切。你会发现，其实生活中并没那么大的压力。

第六章

# 低估自己的影响力

## 尽量多让对方说"是"

电机推销员哈里去拜访一家公司，准备说服他们再购买几台新式电动机。不料，刚踏进公司的大门，哈里便挨了当头一棒："我们再也不会买你那些破烂玩意儿了！"总工程师恼怒地说。

原来，总工程师昨天到车间检查，用手摸了一下前不久哈里推销的电动机，感到很烫手，便断定电动机质量太差，因而拒绝哈里的推销。

哈里考虑了一下，觉得如果硬碰硬地与对方辩论电动机的质量肯定于事无补，于是采取了另外一种战术。他说："好吧，斯宾斯先生！我完全同意你的观点，假如电动机真的有问题，别说买新的，就是已经买了的也得退货，你说是吗？"

"是的。"

"当然，任何电动机工作时都会有一定程度的发热，只是发热不应超过全国电工协会所规定的标准，你说是吗？"

"是的。"

"按国家技术标准，电动机的温度可比室内温度高出42℃，是这样的吧？"

"是的。但是你们的电动机温度比这高出许多，喏，昨天差点把我的手都烫伤了！"

"请稍等一下。请问你们车间里的温度是多少？"

"大约24℃。"

"好极了！车间是24℃，加上应有的42℃的升温，共计66℃左右。请问，如果你把手放进66℃的水里会不会被烫伤呢？"

"那——是完全可能的。"

"那么，请你以后千万不要去摸电动机了。不过，我们的产品质量你可以完全放心，绝对没有问题。"结果，哈里又做成了一笔买卖。

哈里的成功，除了因为他推销的电动机质量的确不错以外，他还利用了人们心理上的微妙变化。

当一个人在说话时，如果一开始就说出一连串的"是"字来，就会使整个身心趋向肯定的一面。这时全身呈放松状态，容易造成和谐的谈话气氛，也容易放弃自己原来的偏见，转而同意对方的意见。

这就是获得肯定回答的艺术。我们得到他人愈多的"是"，我们就愈能为自己的意见争取主动权。当人说"是的"或心里这么想时，我们就已经接近他了，因为我们非常了解他的需求，还特别尊重他。因此，他也同样会关注我们，并表现出十分温和的态度。

但是，当对方说"不是"或者心里在拒绝之时，事情就不一样了，当我们的问话看似与他一点关系都没有时，就相当于我们并不关心他想要什么，他肯定会生气的。

如果别人以"不是"回复了我们的建议，这就说明他认为已经没有继续谈下去的必要了。他的立场和"自尊心"都源于此。因此，有时，如果我们与他人打交道时得不到对方一个"是"的回应，我们最好想方设法不让对方说出"不是"这个词。

让对方说"是"时，要注意以下两点：

第一，一定要创造出对方说"是"的气氛，要千方百计避免对方说"不"的气氛。因此，提出的问题应精心考虑，不可信口开河。

第二，要使对方回答"是"，提问题的方式是非常重要的。什么样的发问方式比较容易得到肯定的回答呢？最好的方式应是：暗示你所想要得到的答案。当你发问而对方还没有回答之前，自己也要先点头，你一边问一边点头，可诱使对方做出肯定回答。

如果你想与别人合作，争取在一开始就让对方说"是"，然后将这个良好的开端保持下去，你离成功也将不远了。

## 多说"你"真能促进交流吗

稍微留意一下周围人说话聊天时的习惯，人们不难发现，那些很喜欢用"我觉得""我认为"一类字眼的人容易给别人一种自大傲慢的印象。反而，在跟人说话时，每个句子前面尽可能地加上"你"字，会立刻抓住听众的心。

临床医学家发现，精神病院的病人说"我"的次数要比正常人多12倍。当病人的状况改善以后，他们说第一人称代词的次数也相应地减少。在心智健全的情况下，使用"我"的次数越少，你在人们的眼里就显得越理性。事实上，善于社交的人相互间谈话时使用"你"的时候总是要比"我"多。

站在别人的立场讲话，在句子中加上"你"可以赢得很多积极的反应，比如可以使对方产生自豪感，节省额外的思考。比如一个男生请女生吃饭，说："咱们学校外边新开了一家饭馆，你肯定喜欢！今天晚上咱们去那里吃点东西吧？"这时女生往往很容易接受男生的邀请。

此外，当你想获得人们积极的回应，尤其是你想获得他们的支持的时候，说话的时候一定要做到"你"字当先，这样会使对方感到自豪。

如果你想提前下班和女朋友约会，想跟上司请假。你猜用哪种说法他会比较容易同意你提前离开呢？"我能早点下班吗，头儿？"还是："头儿，我早点走的话你能应付得了吗？"

要是你使用第一种说法，上司会进一步把你的话翻译成："没有这个员工的话，我能应付得了吗？"需要进行额外的思考，做上司的没有不讨厌这种思考的。

如果使用第二种说法，你的话就先帮上司提出了这个问题，让上司感觉到一种在没有你的时候也能应付局面的自豪感。"当然了，"他在心里会对自己说，"没有你我一样玩得转。"

"你"字当先的技巧在职场以外也有用处。女士们有时候会夸男人的西装好帅，下面哪个说法使你感到更温馨呢？是"我很喜欢你这套西装"还是"你穿这套西装太帅了"。前者只是表达了个人的看法，容易误认为是好感的表达；而后者则扩展到所有人对男人形象的评价，属于普通社交的赞美。因此，善用"你"，对方感觉到被赞美的力度也更大，也能避免不必要的误会。

在街上与陌生人谈话时，也要把"你"字放在自己前面。比如问路的时候，如果说"不好意思，我找不到××（地点）"或者"麻烦一下，请问××（地点）怎么走"的话，对方很可能不会搭理。但是如果"你"字当先，采用："打扰一下，你知道××（地点）怎么走吗？"然后进一步询问："你能给我指下具体的方向吗？"这样的表达可以激发陌生人的自豪感，从而提供详尽的指导。

成功者更是善于使用这种"你"字当先的策略谋求最大的利益。

假设你在参加一个会议，一个与会者对你提出了一个问题，他肯定喜欢听到你说"这个问题提得很好"，不过，要是你跟他说"你这个问题提得很好"，他肯定会感到更高兴。

销售人员不要对你的顾客说："这个问题很重要……"而要通过这种说法来肯定对方："你说的这个问题很重要……"

说话时要随时注意听者的态度与反应。无聊的人是把拳头往自己嘴里塞的人，而站在对方角度，多说"你"可以避免许多冲突。总之，想要人们夸你说话有水平，想要赢得人们的尊重和爱戴，千万记得随时随地把"你"字挂在嘴上。

## 情绪也能传染给他人吗

人类的情绪感染力和传染病一样，可在短时间内传播给周围的人，比躯体疾病更具"杀伤力"。

心情是会传染的，绝大多数人都曾有过这样的体验。人的情绪并不是我们想象的那样稳定，总会时常受到来自外界的某种因素的干扰，而且很多人对外界信息的干扰都是非常敏感的。如果接受了好的信息，就会保持好的心情，而如果是坏的信息，则可能会是一天的坏心情。这是心理学上的"情绪转移定律"的体现。它是指人们将自己的情绪转移给他人的特性。"情绪转移"是人们常用的一种心理防卫机制，通常是将自己对某一对象的愤怒或喜爱的感情，由于某种原因无法直接向对象发泄，将这种情绪转移到比自己级别更低的对象身上，从而化解心理焦虑，缓解心理压力。据心理学家研究发现，坏情绪和细菌病毒一样易于传染，而且传染的速度非常之快。美国洛杉矶大学医学院的心理学家加利·斯梅尔做过一个心理学实验，他让一个开朗、乐观的人与一位愁眉苦脸、抑郁难解的人同处一室。结果，不到半个小时，这个原本乐观的人也开始变得长吁短叹起来。加利·斯梅尔经过进一步的实验后证明：只需要20分钟，不良情绪就会在不知不觉中传染给别人。

　　坏情绪是影响人际关系的"无形杀手"，我们如果不善于控制好自己的不良情绪，就会影响正常的人际交往。心理学家认为，人们解决"心理转移"有两种途径。一种是"消极心理转移"，即将自己内心的压力通过某种偏激的方式转嫁到别人身上，这种方法虽然能发泄自己的坏情绪，同时也会给其他人带来一定的伤害；另一种是"积极心理转移"，当你受到不公平待遇或意外伤害后，不是将心中的怒火发泄到他人身上，而是寻求一种不对任何人造成伤害的、比较理智的方法排解情绪。

　　当我们被坏情绪所困扰，又不能对他人发泄的时候，不妨尝试自我调节。心理学家认为："在发生情绪反应时，大脑中有一个较强的兴奋灶，此时，如果另外建立一个或几个新的兴奋灶，便可抵消或冲淡原来的优势中心。"我们因为某件不顺心的事情烦躁、暴怒的时候，可以有意识地做点别的事情来分散注意力，缓解情绪。也就是采用"积极心理转移"的方法，如听音乐、散步、打球、看电影、骑自行车等活动，都有利于缓解不良的情绪。

　　同样地，当面对别人的坏情绪时，我们需要做的不是与他动粗，"以暴制暴"，而是用健康的情绪去感染他，转移他的注意力，引导他产生愉快的心情。实验表明，人们在相互交流接触时，情绪会通过手势、语言、眼神等方式传递给他人。我们如果能安抚别人的情绪，将自己的快乐传播给他人，将是一件很有意义的事情。

生活中难免会遇到一些不顺心的事情，不快的情绪如果没有及时得到宣泄，将会有害身心健康。但是，假如我们遇上不顺心的事情，采用不当的方式发泄，如将自己不快的情绪发泄到家人或朋友身上，又会伤害身边最亲近的人，甚至影响家庭或同事间的和睦关系。因此，要采用正确的方法。

## 如何提高说服力

说服力是一个人成功与否的关键，能帮助你最快地获得你想要的东西。你的说服力能让你得到顾客、老板、同事和朋友的支持和尊重。

那么，该如何提高说服力呢？

当你在说服他人的时候，论据越多就越有说服力。若只凭一个论据，是肯定不可能成功说服对方的。但是，如果提前准备好10个论据，那么肯定至少会有一个论据能够打动对方的心。人们总会因为大量的论据而信服别人的劝说。

丰富的细节介绍能够增加说服力。丰富的细节介绍是很容易被忽略掉的，就是在劝说对方时，要增加一些细节介绍。比如，在餐厅里点菜时，若菜单上写着"厨师长拿手菜——微火炖黑牦牛牛肉"肯定比"炖牛肉"更容易受客人的欢迎。

防震家具的销售员在推销防震家具时，如果只是说"地震非常恐怖，所以一定要加强家具的防震性能"，那么肯定不能引来很多的顾客。但如果销售员换种说法，"仅仅是 4~5 级地震，家具就会猛烈晃动，书本、餐具也会掉落，而摔碎的玻璃碎片极有可能会碰伤身体"，当听到这些关于地震的情景时，大多数的顾客就会开始意识到防震家具的重要性。因此，只要多说一些细节的内容，就会大大地提高说服力。

说话的内容要"容易记忆"。如果辛辛苦苦地说了一番说服对方的话，但对方却一点都没记住，那就等于做了无用功。对方记不住你所说的话，就说明对方根本就没有理解你所说的话。

激励。人的行为都是因为受到了激励。所以你要找出激励人的因素，然后给予激励。人有两大激励因素：对获得的渴望和对失去的恐惧。对获得的渴望激励人们去不断地追求。不管已经得到多少，我们总是渴望更多。如果你能让别人看到他们如何通过帮助你达到目标而自己获得更多的话，你就能激励他们帮你做事。害怕失去同样激励着人们的行为。这种恐惧，不管形式如何，通常强于对获得的渴望。只要你能让人明白通过做你想让他们做的事情，他们就能避免某些损失，你就能影响他们去做特定的事情。

总之，知己知彼，方能百战百胜。我们想要说服别人，就要了解别人，既要了解擅长说服他人的人，也要了解很容易被说服的人。

成功掌握说服的技能将帮助你更加接近成功，同时，你也让听从说法的人感到满意。


## 为什么第一句话非常重要

在现实生活中，有的人讲话让人觉得兴趣盎然，但是有的人讲话却总是让人觉得索然无味。为什么会这样呢？

说话是一个人最基本的技能，也是与他人交流的最直接简单的方法。有人将说话视为展现自我的一种方法，但是，对另一些人来说，说话却成为一种沉重的负担。

有的人做了十几年的下属，见了领导说话仍是支支吾吾，十分紧张，不知所措；有的人与初次见面的顾客会晤就能侃侃而谈，收放自如，以至于让对方产生一种相见恨晚的感觉。心理学家告诉我们，想要揭开其中的秘诀，语言是关键的一部分。

我们和陌生人的第一句话是非常重要的，所有的交际能手并非一味只顾表现自己，而是善于也乐于同陌生人开口说话。他们通常会有良好的开场白，通过主动、热情、到位的言语，努力探寻对方感兴趣的或者正在关注的话题，赢得对方好感，逐渐拉近双方距离，进而得到深入交流的机会。交谈中的第一句话对于接下来的交流会起到推波助澜的作用。

那么，怎么才能说好第一句话呢？其实，很简单。

首先，要自然真诚，以消除对方的戒备心理。与陌生人初次结识，要用主动问候的方式，言语不做作，才能体现出你的坦诚、真挚和热情，给对方自然、友善的感觉。

其次，说的话既要有深度也要使对方听得懂，这样更容易引起心理共鸣，自然会消除彼此间的陌生感。

再次，要以赞扬为基调。当然，赞扬不是毫无诚意的恭维。

## 如何能在群体中影响别人

人们常常发现，有些人在群体中特别能影响别人，让别人听命于自己。这些人是如何做到的呢？

在一个十字路口，红灯亮了，然而路面上并无车辆行驶，这时候，如果有一人穿越马路，接着就会有两人、三人……人们蜂拥而过。一个人仰着脖子晃动着脑袋往天上看，在一旁的人也好奇地跟着向天空东张西望。

为什么他们喜欢效仿同伴的行为呢？或许你认为这只是好奇心在起作用，其实真正引起这种现象的是"社会认同原理"，即"从众效应"。

从众效应是指当个体受到群体的影响（引导或施加的压力），会怀疑并改变自己的观点、判断和行为，朝着与群体大多数人一致的方向变化，以和他人保持一致。

从众现象在很多地方都有所表现。很多人在吃完快餐后，会习惯地把吃剩的东西放在桌子上，然后十分理直气壮地离开，理由是大家都这么做；但是，如果大家都把吃过用过的残留物收拾好，然后将餐具拿到指定的回收处，那么你将会对自己没有收拾的行为感到焦虑，为了和大家的行为保持一致，你也会将残留物收拾好，将餐具拿到指定的位置。其实很多餐厅都没有规定用完餐后要怎么做，你会说："我看见其他人这样做的，我也就这样做了。"生活中很多的参照标准都不是书上所说的教条，而是身边那些人的行为。做的人多了，就自然形成了不是规矩的"规矩"。

从众是一种普遍的社会心理现象。其实，从众效应本身并无好坏之分，其作用取决于在什么问题及场合上产生从众行为。积极的从众效应可以互相激励情绪，做出勇敢之举，有利于建立良好的社会氛围并使个体达到心理平衡，反之亦然。

在生活中，我们要扬"从众效应"的积极面，避"从众效应"的消极面，努力培养和提高自己独立思考和辨别是非的能力。当遇到事情时，既要慎重考虑多数人的意见和做法，也要有自己独立的思考和分析，从而使判断能够正确，并以此来决定自己的行动。多一些独立思考的精神，少一些盲目从众，以免上当受骗。

## 学会察言观色才能知其心理

要想为自己营造一个强大的气场，学会察言观色是其中一项必修课，它能使你毫不费力游刃于形形色色人群中，还能让你获得良好的人际关系。不会察言观色等于不知风向便去转换风帆，改变船舵，非但费力不讨好，甚至还有可能在风浪中翻了船。

请仔细观察一下周围，是否也有这么一类不善察言观色的人呢？事实上，只要稍稍留神，这类人几乎随处可见，这类人常常因为不会察言观色而不受人待见。

俗话说"见贤思齐焉，见不贤而内自省也"。试着回想一下自己之前的言行举止是否在无意间犯了别人的忌讳，是否伤害到了别人，是否为了逞一时口舌之快而使自己的人际关系陷入泥沼之中。

眼看着身边的同事、同学游刃于各种场合而不费力，甚至还赢得其他人的赞扬。看到这，你是否会眼红？那么，请想一想，为什么会这样呢？究其原因是缺乏"察言观色"的能力，因此总是遭到疏远或排挤。察人言辨脸色，说起来容易做起来难，但也不是无法可循。下面 5 招速成法，值得你借鉴。

第一步：找出"隐藏规则"。在实践"察言观色"的动作之前，首先必须找出既定的潜在规则，并按照规则采取适当的行动，以确保自己的行动能为对方所接受。生活不似比赛，有许多明文规定可供遵循，因此，你得自己摸索出所谓的"潜规则"。只有发现隐藏于生活中的规则，并忠实地遵循，才能够成为其中优秀的一员。

第二步：善于捕捉"弦外之音"。与别人交谈时，只要我们留心，就可以从谈话中探知别人的内心世界。你可以从别人感兴趣的话题、常用的措辞、说话节奏、音调等辨析对方的喜怒。

第三步：细辨脸上的表情。人类的心理活动非常微妙，且这种微妙常会从表情里流露出来。通过观察人的脸色、表情来获悉对方的情绪是一种很有效的方法。不过，也有些人不会将这些内心活动表现出来，若单从表面上看，就会让人判断失误。

我们要注意下面的特殊情况，避免判断失误而误事。

没表情不等于没感情。生活中，我们有时会遇到这么一种面无表情的人。事实上，面无表情有两种情形，一种是关心而不好意思表现出来，另一种是根本不看在眼里。

愤怒悲哀或憎恨至极时也会微笑。这便是人们通常说的脸上在笑，心里在哭。

第四步：透过眼神辨人心。肢体、言谈都能伪装，唯有眼神是极难伪装的。所以，读懂人的眼神便可知晓人的内心状况。

第五步：从穿戴看透内心。人对衣物、饰品的选择，往往容易透露出自己内心的想法。人本来是赤裸裸地来到这个世界上的，为了隐藏自己的"庐山真面目"，才穿衣服。衣着华丽者自我显示欲强，爱出风头。衣着朴素者缺乏自信，易有自卑心理，喜欢争吵。喜欢时髦服装者有孤独感，情绪容易波动，容易受人影响。不追求时尚者常以自我为中心，不合群，标新立异。突变服装嗜好的人想改变生活方式，也有逃避现实的成分。不狂追时尚，也不落伍，穿衣自成一套风格者，处事中庸，情绪稳定，比较可靠。

通过对人心的解读，学会"察言观色"，使自己成为一个能知人喜好、辨人心理的人，通过了解一个人的内心而顺其意，因势利导，进而不着声色地影响别人。

第七章

# 喜欢和别人比较

## 总是看到别人的好

我们经常听到不少女生对男友抱怨,男友对自己不冷不热,而且很少称赞自己,对于别人的女朋友,却经常摆在口边,高谈阔论其他女生的好,这让很多女生心里不是滋味。

"恋爱都已经四五年了,我们马上都快而立之年了,可他总是不提结婚的事,真不知道他怎么想的。""每次见到同事的女朋友,他总是两眼发亮,不停称赞别人的女朋友,可是对我却只有满口的怨言,搞得我一点自信都没有了。"

其实,这仅仅是一个远瞻与近窥的问题。男人们所看到的都是优点的别人的女友,在她看来,也同样有很多缺点。很多恋爱并没有缺憾,缺憾的是男人没有欣赏恋爱的心态和眼睛。对于女友,你更要去发现她的美、放大她的美。因为生活并不缺少美,缺少的是发现美的眼睛。

男人，大都有追求优秀的女孩，追求新鲜感，追求新的异性的通病。食色是人与生俱来的本性，不管男女都有这样的本性，因此男人有这样的通病不难理解。他们对自己女友的感觉越来越淡，可是对别人女友的兴趣则越来越浓，这是他们的心理因素在作怪。

男人，为什么都认为别人的女友更好呢？

首先，是视角存异。对于自己的女友，悄悄消逝的时光慢慢地磨光了往日的激情。那曾经满身的优点，在一双紧盯着它的眼睛里，渐渐地失去了色彩。而因为朝朝暮暮的相容相济，那些曾经不被看到的斑驳凸显出来。渐渐地，满身的优点变成了满身的缺点。而别人的女友，因为仅仅是远瞻，你所看到的却只有优点。两者相比，自己的女友越来越差，别人的女友越来越好。这便让一些男人对自己的女友越来越没感觉。这也很好地体现了那句话——相爱容易相处难。在长期相处中，双方的缺点都会暴露无遗，让恋爱初期的美好幻想全部幻灭。

其次，就是求新求异心理。自己的女友，时间长了，没有了新鲜感。日子久了，激情也被时光冲淡。而别人的女友，因为没有得到，总觉得新鲜。总是会有无限遐想，那身姿、那肌肤、那每一个可能的细节，都会带来无限激情。这种求新鲜的、想体验差异感受的心理，是大多数男性幻想别人女友的原因。

因此，女性不妨时常变换一下发型、衣着等，给男友不同的体验，让你的男友对你常保新鲜感，对你充满了期待。

其实无论是男人，对于女人，或者所有人，都会存在这种问题。我们生活得太满足，太幸福，以致淡忘了现在拥有的，把目光投向别人拥有的。新鲜感使我们对别人拥有的羡慕不已，于是开始对自己的生活感到不满，看不顺自己的家人，对自己的恋人怨声载道，甚至还会日渐生厌，最后将其遗弃。

这一切归咎于我们总是只能看到别人的好。

"别人家的孩子多会学习，你怎么就那么不认真""别人家的丈夫下班回来就做饭，你怎么一回来就看电视"……这种话，每个人都可能说过。

其实，自己的孩子也不差，懂事乖巧；自己的爱人也挺好，勤劳顾家。为什么我们总是看到其缺点并抱怨不断呢？一方面，每个人都向往美好、追求尽善尽美，当然希望自己的孩子、丈夫不比别人差。因此，有时难免求全责备，希望督促身边的人向"完美"靠拢。另一方面，用流行的话来说，是"羡慕嫉妒恨"的心理在作怪。当然，人有七情六欲，偶尔眼红是正常的。但总是这样，很容易走进误区，也就是心理学所说的"心理偏盲"现象。这时，你就会像戴了有色眼镜一样，总是对身边的人和事选择性地记忆和评判。最后变得爱攀比，喜欢较劲，凡事爱往坏处想；对身边人的优点视而不见，对生活中的收获熟视无睹。

事实上，这种比较是没有意义的。首先，别人不见得比你好。斯坦福大学心理学家亚历山大发现，大多数人都容易看不到别人的"不好"，因此，总觉得自己活得没别人好。其次，海伦·凯勒说过："面对阳光，你就把影子留在了身后；背对阳光，你永远沉默在阴影之中。"因此，多想想优点，给自己积极的心理暗示，事情就会朝着你期望的方向发展。如果总是拿自己的弱势和别人的长处比，只能让自己越发丧失信心。

我们拿"别人家"来比较，内心最真实的声音还是希望像"别人"一样幸福满足。幸福其实并不难。第一，不要攀比。与其看到"别人"光鲜的幸福，还不如去看看别人为得到幸福背后付出的努力。第二，换位思考。把抱怨转化成你希望的事情，然后进一步思考，怎样做才能达到更好的效果。比如，把抱怨丈夫爱打游戏转化为"他为什么不做饭"，然后再想想"我怎样才能让他愿意做饭"？换一种思维方式，也许你的生活就会变得积极起来。

## 孩子听话是优点，太听话是缺点

如果孩子很听父母的安排，我们总会看到家长们对着孩子竖起大拇指称赞："听话的好孩子！"在中国传统教育文化影响下，家长们都希望孩子循规蹈矩，安分守己，只有言听计从的孩子才会被冠以"好孩子"的头衔。好孩子百依百顺的特点在学校得到很好的秉承，但凡守规矩、听老师教诲的学生都会被称赞为好学生，并且赋予"三好学生""三好标兵"的鼓励，好学生往往是学习的榜样。

相反地，那些顽皮、淘气、经常违反校规、总不听父母话的孩子却被当作反面教材，传统道德观念中总是把不遵循长辈教育的孩子评价为坏学生、差学生，他们往往被忽略，被批评，以致孩子们都深信，只有听话，才会被肯定，才会得到长辈们的称赞和疼爱。

我们父母总希望孩子规规矩矩，百依百顺，孩子稍一调皮就不能容忍，结果往往是管得过死，限制过多，他们变得乖顺、安分，甚至是墨守成规。现代教育专家们告诫父母，太听话的孩子问题更大，因为他们很可能失去更重要的东西——创造力。

经验证明，"淘气"的男孩子往往比"老实"的女孩子更有创造力。其原因就是淘气的孩子接触面广，大脑受的刺激多，激活了孩子的智能。因此，给孩子一点淘气的空间对提高孩子的创造力是有好处的。

其实，调皮、好动是儿童的天性，也是创造力发展的幼芽。顽皮、淘气的孩子，往往具备更好的创造力、独立性以及质疑的能力。他们从小就学会独立思考，对于常规的事情很容易产生疑问，甚至是质疑，并且勇于挑战，这些孩子往往能有标新立异的想法和创举；听话、乖巧的"好孩子"，他们小心遵守规矩，尽力满足长辈们的要求，往往忽略了自己的独立发展，变得不善于思考，缺乏创新，他们选择舒坦、安逸的道路，以过上好的生活为目标。

我们难以判断哪种人生才是成功的，作为家长，我们应该鼓励孩子独立思考、培养其创造力。孩子淘气时，我们不必一味打压，其实教导孩子听话的同时，也是可以适度培养孩子的创造力的。

第一，规范孩子的行为，整天打架、骂人、不听话不行，但思维上可以不太听话，可以有自己的想法。

第二，培养孩子良好的习惯，等孩子大一些时给其一定的自主权。

孩子应该听从父母的话，这没有不对，但如果过于顺从则会扼杀他们的创造力。总之，我们不要限制孩子们的"顽皮""淘气"，让他们充分展现自我，给孩子们提供最大的发展空间。

## "远亲不如近邻"

请你想一想：在你成长的过程中，谁是你最亲近的朋友。多数情况下，他们可能是和你邻近的孩子们。

相同的现象也常发生在大学生宿舍里。有研究者统计发现，许多大学生总是和最近宿舍里的人最友好，和那些被安排住得最远的人最不友好。更使人吃惊的是，类似的情况发生在更为亲密的关系中，比如婚姻。例如，一个对20世纪30年代期间一个城市的结婚申请的研究显示，有1/3的夫妻由双方住所相隔不超过5个街区的人组成，而且随着地理上距离的增大，证书的数量下降。而且这些结果还不包括有12%的人在婚前就有相同的地址。

上面的这些都说明，空间距离在决定友谊方面有着极大的影响。社会心理学家对住在综合楼房里的已婚大学生的友谊做了仔细、详尽的研究。他们发现了在综合楼中空间的特定结构和友谊发展的关联性。

例如，他们发现友谊和公寓的邻近性有密切联系。住在一门之隔的家庭比住在两门之隔的更可能成为朋友；那些住在两门之隔的家庭比住在三门之隔的更可能成为朋友；以此类推。而且，住得离邮箱和楼梯近的人比住得离这类特色结构远一些的人在整幢楼中有更多的朋友。

也许你会感到疑惑，这个邻近性和吸引相关的事实是否是因为相互喜欢所以选择彼此住近一些。然而，研究发现，邻近性对喜欢有同样的影响。例如，对被根据姓氏字母顺序安排教室座位和房间的受训警察的研究发现：两个受训者的姓氏在字母表上的顺序越接近，他们就越有可能成为朋友。

显然，邻近性为友谊发展提供了机会，尽管它并不确保一定会发展友谊。

为什么邻近性能产生好感？首先，邻近的人，低头不见抬头见，为了拥有一份美好的心情，人们不得不与邻近的人搞好关系。其次，由于邻近，由于熟悉，即使是简单的人际互动也会提高我们对他人的好感。再次，根据交换理论，人们在互动过程中，总是希望以较小的代价换取最大的报酬，而邻近性则满足了这一要求。

西方心理学家简单地解释为"离得近的人比离得远的人更有用"。因为离得近，接触的机会多，刺激频率高，选择朋友就比较容易。一个人和我们住得越近，我们就越能了解他，与他也就越能成为朋友。

但是邻近性是否就一定具有人际吸引力呢？事情并不那么简单。我们知道，自己所喜欢的人往往是邻近的人，而自己所厌恶的人也往往是邻近的人。所以邻近是吸引的必要条件，但不是唯一的条件，只有当邻近的人具备了相互满足需要这一条件，或者说人们对邻近者怀有好感时，邻近性才会产生吸引力。比如，同在一个单位工作的人，有的关系非常融洽，彼此默契配合，工作效率倍增；而有的关系则相当紧张，甚至到了有你无我的程度。这些都是在邻近关系中时常发生的现象。但是，事情也是相对的，离开了具体的情境，离开了满足需要这一人际关系的基础，忽视了其他因素的作用，就会把邻近性孤立起来而犯绝对化的错误。

## 望子成龙的重复犯错

相信我们都曾经有过这样的经历，自己就像是牵线木偶，被父母安排好一切，参加各种补习班、课外兴趣班，被定下各种目标，考取名牌大学、学习各种才艺。但最后结果往往事与愿违，学有所成的孩子寥寥无几。回想当初，要是能重来，我们一定会选择自己喜欢做的事情，而不是任由父母摆布。

如今，我们身为人父、人母，遗传了望子成龙"基因"，都希望孩子能多才多艺，学习成绩出类拔萃，希望他们长大有所作为，于是，对待自己的孩子，重复着当年父母对自己的那种教育方式，一味地追求高分数，多才艺，却忽略了孩子内心所想，学习效果适得其反。

在一个有关家庭教育的研讨会上，一位母亲刚开口便泪流不止，十分痛苦地讲述了自己教育孩子的失误：她的孩子今年14岁，从小爱好体育，学习成绩一般。但这位"望子成龙"的母亲却非要孩子在学业上不能落后，"将来上个好大学"，于是就不管孩子的能力和感受，每天看着，陪着，甚至逼着孩子读书。

哪想到这番苦心却把孩子逼向了相反的道路。孩子的厌学情绪越来越强烈，最终发展到干脆什么也不学了，后来因为打架受到学校处分。这个孩子如今退学已经一年多了，终日在家玩游戏，能一个星期不出屋，不睡觉，不洗脸，不刷牙，不理发，痴迷地玩着电子游戏。谁也不能管，一说他就暴躁地砸东西，孩子对母亲只剩了仇恨。"现在我们这个家已经没有家的样子了……"无奈之下，这位母亲搬出了这个家。

很多家长希望孩子不要输在起跑线上，望子成龙的愿望在心里像病毒一样滋长。但事与愿违的是，家长不经意间给孩子造成过多的学习压力，最后的结果往往是家长失望，孩子对学习有阴影甚至出现厌学情绪。

对于孩子的教育，除了要注重学习，还需要了解的心理需求。随着经济和社会的发展，家长常常能满足孩子的物质需求，但与孩子沟通太少，因此，导致两代人之间的互不体谅。

教育心理专家指出，应该重视利用社会的力量为家长们送去"真经"，给孩子创造一个知心的世界。要想孩子健康成长需要全方位的教育，不论在哪一个环节出了问题都是教育的失败。

用"强迫症"来描述目前有些家长督促孩子学习过程中的表现一点不为过。有些家长一下班就要看孩子是否在写作业，如果孩子没写，就会说："还玩儿？作业做完了没有？""都几点了，还看电视？""咋还不做作业呢？快做作业去！"只要孩子不动，家长就一遍遍地催、一遍遍地追。有的家长甚至上班时还要打电话督促或询问孩子做作业的情况。

这样的家长，如果看到孩子不及时服从做作业的命令，就会大发雷霆，直到孩子拿起作业本为止；如果孩子很快坐到桌子前，他们又会心情舒展，内心充满希望。

很多家长不了解，这种反复、过度的不良刺激将使孩子形成不良的条件反射，降低学习效率，即父母一张口，孩子最直接的反应就是不想听、心烦，有些还会产生逆反心理。

无论是已为父母，还是将成为父母的年轻人，都必须警惕自己走进望子成龙的误区：只重结果，忽视过程。学习的过程远比结果更重要。比如学习弹琴，手眼耳的协调非常重要，耐性、毅力决定着他是否能坚持下来，而经过自身努力战胜困难后的成就感也使他心情愉悦。贯穿在孩子学习过程中的这些品质，家长可能看不到，却对孩子的未来影响深远。

在学习过程中，一些基本功可能只是其中的一个小环节。比如跳舞，一个舞步要练好长时间，给父母的感觉是孩子几次课什么正经的也没学，但实际上，基本功的训练是为让孩子能完整跳完整个舞蹈而打下的良好基础。基本功如果不扎实，学到一定程度可能就学不下去了。

周末上兴趣班如同赶场，没了亲子时间。孩子在这个年龄段是离不开亲情的，与父母在一起，是使他们心理发展正常的基础，如果忽视幼儿心理以及亲情的交流，你会发现孩子变得不听话、爱发脾气。今后容易与子女在心理上产生隔阂，难以沟通。此外，一味地给孩子报各种兴趣班，容易使孩子疲劳、厌倦。今后他可能对什么都知道一点儿，但对哪个都不精。不如只选择一两项重点学，学会了再学其他项目。孩子如果在哪个项目上特别有潜力，就要多花时间重点培养。

孩子是一个独立的个体，他有自己的想法，知道自己喜欢什么不喜欢什么。如果大人把自己的意愿强加给孩子，孩子的负担就太重了。学习本来就不轻松，因此，应该尊重孩子的兴趣，让他挑选自己感兴趣的东西，对于感兴趣的事，孩子能学得又快又好。而父母自己的理想，还是自己努力去实现吧！

第八章

# 不正常的自我

## 愤怒

生活中很多人都爱发脾气，而当我们因生气使自己的情绪恶化到失去控制时，往往会做出一些过激的行为。等到情绪平稳时，我们则会后悔当时不理智的所作所为。

当我们遇到让自己生气的事情时，应该先努力让自己平静下来，好好想一想，为什么会有这样的情况发生；如果这时采取行动将会造成怎样的后果……当你冷静地考虑过这些以后，或许你的怒气就已经消减大半了。在生气的时候，你如果不能让自己冷静，做出冲动的事情，可能最终受苦的还是自己。

一天早晨，明辉醒来，发现自己睡过了头，很可能要耽误一个重要的会议，于是不由得生起自己的气来。他匆匆地穿衣洗漱，却发现妻子还没有准备好早餐，于是就冲妻子发起火来。妻子觉得他太过分，于是两个人就吵了起来。直到他们的女儿被父母激烈的争吵吓得大哭起来，明辉才气冲冲地空着肚子去上班。

半路上又遇见堵车，他本来心情就不好，这下更是急躁地拼命按着鸣笛。因为情绪不好，又太着急，他的车在路口还与别的车发生了摩擦，险些出现大的交通事故。明辉被这一连串的事情弄得暴躁异常，他愤愤地想：今天是怎么了？怎么就那么不顺呢？

到了公司，会议已经开始了，明辉因为迟到被点名。会议中，由于别人提出的想法和他的不同，明辉就和这个人在会议上争论起来。由于一早上没一件顺心的事情，明辉的话语显得有些刻薄，最终会议不欢而散。

明辉回到自己的部门后，又发现有人把昨天的工作弄出了乱子，这下明辉更火了，将犯错的下属大骂一通，他的大嗓门让整个部门的人都听见了。几天后，经过董事会的一致投票，明辉被免去了主管职务。

控制好自己的怒气，才让人和人之间更理智地相处，从而避免做出冲动的行为。

在生气的时候，我们更应该保持冷静。想一想，为什么会这样？我有什么责任？对方有没有什么值得理解的地方？你不仅要站在自己的立场去想问题，而且要站在对方的角度去想。这样，你不仅能弄清楚事情的对错，也不会冲动了。

总之，生气是害人害己的一种恶劣情绪。我们必须学会克制怒火，学会忍让、宽容、理解别人。

## 自恋

一名某名牌高校的博士，心理似乎出了点问题，他的女朋友陪他来到一家心理咨询中心，下面是这名博士生的自述：

"我是个法学专业的研究生，正在读博士学位，可称得上天之骄子了吧！但最近，我发觉自己陷入困境，似乎很难念完博士学位。前不久，我写了一篇论文。我认为那是篇很有价值的论文，我相信，它会在法学界产生极大的震动，并会产生深远的影响。但我写到 2/3 时，却很难进行下去。我的导师们对我的论文很不以为然，而且，还软磨硬拖，阻碍它早日脱稿发表。我知道，怕我的文章出来后，显得他们脸上无光，他们就是妒贤嫉能。其实，这正说明他们故步自封。不过，我会尽力而为，用行动证明自己能超越他们，同时证明他们不过如此。就是因为此事，近来我严重失眠，常在床上翻来覆去睡不着。本来我和女朋友的关系还可以，近来也显得非常紧张。我不知是怎么回事，希望能得到您的帮助。"

心理咨询师听完博士的话笑了笑，然后问博士关于论文的事。一触及此，博士便眉飞色舞，甚至于手舞足蹈，似乎他正在万人会场的主席台上慷慨陈词。

为了进一步了解情况，咨询师又问了几个问题。

"你有过自卑的时候吗？"

"没有，我没有必要自卑。"

"那么，你有孤独的时候吗？"

"我一直在孤独中。不过，这没关系，我知道，有成就的人总是孤独的。"

"你和女友关系怎样？"

"不怎样。和女人相处，对我来说只是一种调节剂，不会有太大的收获。"

问完这些，咨询师让博士到外面稍等片刻，请他的女友进来，了解了一些情况。

博士的女友说，在她以前，他曾结交过好几个女孩子，但不知什么缘故，谈的时间不长，一个个都离他而去了。在学校里，他总是"天马行空"、独来独往，逢年过节学校联欢时，也没什么人愿意同他搭话，他也不理别人。

谈到那篇论文时，博士的女朋友说，那只是一篇平庸之作，既无新的见解，论述也不够全面，他的导师也这么认为。

到了这一步，心理咨询师已经完全明白了是怎么一回事。他告诉博士的女朋友："从你男朋友的种种表现来看，他是严重的自恋患者。"

自恋是一种心理障碍，其突出表现就是以自我为中心，按自己的需求，凭自己的情绪办事。

病态自恋者处处为自己物质的和心理的利益考虑，而实际上，他们的一切利益都因为自恋而受到了损害。

自恋是一种对赞美成瘾的症状，为了获得赞美，自恋者会不惜一切代价。自恋者也会下意识地明白，总是从别人那里获得赞美是不可能的，所以会不自觉地限定自己的活动范围，以回避外界任何可能伤及自恋的因素。

自恋是一种非理性的力量，自恋者本人无法控制它，所以就永远不可能获得内心的宁静，永远都会被无形的鞭子抽打，只知道朝前奔走，而没有一个可感可知的现实目标。

在与他人的交往中，自恋者会因为他们的自私表现而丧失他们最看重的东西——来自别人的赞美，这对他们来说是毁灭性的打击，自恋者易患抑郁症，原因就在这里。

每个人都会有或多或少的自恋倾向——小到对一枚指甲的专心修饰，大到爱自己而不能与别人相爱。人人都应该爱自己，但是爱得过了火就很危险。所以我们平时要客观地评价自己，建立积极的自我概念，学会公开、直接表达自己，努力倾听和了解周围人的思想和感受，积极沟通感情，认真听完别人的讲话，不要轻易打断别人的讲话，尽量避免让自己产生病态的自恋心理。


## 空虚

田新性格内向，平时不爱跟同学说话，有什么事总是憋在心里。他在日记中写了这样一段话：

"刚读高中的时候，我还没有什么忧愁，可从高一下学期开始，无论何时何地我总会感到一阵阵烦躁，烦躁的原因有来自生活上的，也有来自学习上的。

"在学习上我一直是中上水平，可后来不知怎么搞的，大概是几次考试失利的缘故吧，我感到学习特没劲，成绩也落后了，班主任找我谈了几次，我也没什么变化，我对什么都无所谓了。想来想去，觉得生活没意思，真的没意思。同学们都在那里学习，可学习好了又有什么用呢，究竟为了什么呢？成绩再好也免不了生老病死。学校有时也搞一些活动，但内容几乎和小学生一样，各种各样的评奖只不过是些幼稚的活动，我真的觉得很无聊。家里，爸爸每天出入花鸟市场，炒股票，打麻将，对我的学习一点也不关心；妈妈除了做家务，只会每天盯着我，唠唠叨叨说个不停，一会儿说我头发长了，一会儿又数落我东西没放整齐……事无巨细，她都要唠叨一番，我都替她累。有时夜深，独自坐在书桌前，望着一大堆功课，我会想很多：活着真没劲，就这样一天天混下去也不知有什么结果，真想离开这个灰暗的人生，有个新的开始……"

田新之所以感到人生灰暗，没有色彩，这和他的空虚心理有很大关系。

空虚心理指一个人的精神世界一片空白，没有信仰、没有寄托、百无聊赖，如同行尸走肉。精神空虚者往往萎靡不振，缺乏社会责任感，有碍于社会发展，也有害于人类发展。

空虚是一种不良心理，有碍于人格的健全发展，我们要防止这种心理。现实生活中，摆脱空虚感可以采用以下5种方法：

调整需求目标。空虚心态往往是在两种情况下出现的：一是胸无大志；二是目标不切实际，使自己因难以实现目标而失去动力。因此，摆脱空虚必须根据自己的实际情况，及时调整生活目标，从而调动自己的潜力，充实生活内容。

多与人交往，获得别人的支持。当一个人失意或徘徊时，特别需要有人给予力量和支持，予以同情和理解。只有获得别人支持，才不会感到空虚和寂寞。

博览群书。读书是填补空虚的良方。读书能使人找到解决问题的钥匙，使人从寂寞与空虚中解脱出来。读书越多，知识越丰富，生活也就越充实。

忘我地工作。劳动是摆脱空虚极好的措施。当一个人集中精力、全身心投入工作时，就会忘却空虚带来的痛苦与烦恼，并从工作中看到自身的社会价值，使人生充满希望。

转移目标。当某一种目标受到阻碍难以实现时，不妨转移目标，比如在学习或工作以外培养自己的业余爱好（绘画、书法、打球等），使心情平静下来。当一个人有了新的乐趣之后，就会产生新的追求；有了新的追求就会逐渐完成生活内容的调整，并从空虚状态中解脱出来，迎接丰富多彩的新生活。

## 嫉妒

佛经上有一则故事：

在远古时代，摩伽陀国有一位国王饲养了一群象。象群中，有一头象长得很特殊，全身白皙，毛柔细光滑。后来，国王将这头象交给一位驯象师照顾。这位驯象师不只照顾它的生活起居，也很用心教它。这头白象十分聪明、善解人意，过了一段时间之后，他们已建立了良好的默契。

有一年，这个国家举行一个大庆典。国王打算骑白象去观礼，于是驯象师将白象清洗、装扮了一番，在它的背上披上一条白毯子后，才交给国王。

国王就在一些官员的陪同下，骑着白象进城看庆典。由于这头白象实在太漂亮了，民众都围拢过来，一边赞叹、一边高喊着："象王！象王！"这时，骑在象背上的国王，觉得所有的光彩都被这头白象抢走了，心里十分生气、嫉妒。他很快地绕了一圈后，就不悦地返回王宫。一入王宫，他问驯象师："这头白象，有没有什么特殊的技艺？"驯象师问国王："不知道国王您指的是哪方面？"国王说："它能不能在悬崖边展现它的技艺呢？"驯象师说："应该可以。"国王就说："好。那明天就让它在波罗奈国和摩伽陀国相邻的悬崖上表演。"

隔天，驯象师依约把白象带到那处悬崖。国王就说："这头白象能以三只脚站立在悬崖边吗？"驯象师说："这简单。"他骑上象背，对白象说："来，用三只脚站立。"果然，白象立刻就缩起一只脚。

国王又说："它能两脚悬空，只用两脚站立吗？""可以。"驯象师就叫它缩起两脚，白象很听话地照做。国王接着又说："它能不能三脚悬空，只用一脚站立？"

驯象师一听，明白国王存心要置白象于死地，就对白象说："你这次要小心一点，缩起三只脚，用一只脚站立。"白象也很谨慎地照做。围观的民众看了，热烈地为白象鼓掌、喝彩。

国王愈看，心里愈不平衡，就对驯象师说："它能把后脚也缩起，全身悬空吗？"

这时，驯象师悄悄地对白象说："国王存心要你的命，我们在这里会很危险。你就腾空飞到对面的悬崖吧！"不可思议的是这头白象竟然真的把后脚悬空飞起来，载着驯象师飞越悬崖，进入波罗奈国。

波罗奈国的人民看到白象飞来，全城都欢呼了起来。波罗奈国国王很高兴地问驯象师："你从哪儿来？为何会骑着白象来到我的国家？"驯象师便将经过一一告诉国王。国王听完之后，叹道："人为何要与一头象计较、嫉妒呢？"

人生在世，一定不可心怀嫉妒。俗话说："己欲立而立人，己欲达而达人。"别人有所成就，我们不要心存嫉妒，应该平静地看待别人所取得的成功，这是拥有幸福人生的秘诀。

有一对夫妻心胸很狭窄，总爱为一点小事争吵不休。有一天，妻子做了几样好菜，想到如果再来点酒助兴就更好了。于是她就拿瓢到酒缸里去取酒。

妻子探头朝缸里一看，瞧见了酒中倒映着的自己的影子。她以为是丈夫对自己不忠，把女人带回家来藏在缸里，就大声喊起来："喂，你这个死鬼，竟然敢瞒着我偷偷把女人藏在缸里面。如今看你还有什么话说？"

丈夫听了糊里糊涂的，赶紧跑过来往缸里瞧，他一见是个男人，也不由分说地骂起来："你这个坏婆娘，明明是你领了别的男人回家，暗地里把他藏在酒缸里面，反而诬陷我！"

"好哇，你还有理了！"妻子又探头往缸里看，见还是先前的那个女人，以为是丈夫故意戏弄她，不由勃然大怒，指着丈夫说："你以为我是什么人，任凭你哄骗的吗？你，你太对不起我了……"妻子越骂越气，举起手中的水瓢就向丈夫扔过去。丈夫侧身一闪躲开了，见妻子不仅无理取闹还打自己，也不甘示弱，于是还了妻子一个耳光。这下可不得了，两人打成一团，又扯又咬，简直闹得不可开交。

最后闹到了官府，官老爷听完夫妻二人的话，心里顿时明白了大半，就吩咐手下把缸打破。

一锤下去，只见那些酒汩汩地流了出来。不一会儿，一缸酒流光了，缸里也没看见半个男人或女人的影子。夫妻二人这才明白他们嫉妒的只不过是自己的影子而已，心中很是羞愧，于是就互相道歉，和好如初了。

我们遇到怀疑的事，不宜过早下结论，要客观、理智地去分析，才能够了解真相。尤其在生气的时候，不能像故事中的这对夫妻一样，不冷静地思考分析，反被嫉妒心冲昏了头脑而伤了和气。

如果别人的嫉妒能把你打倒，这说明你虽然可能是优秀的，却不是最优秀的，在意志上更算不上优秀。

面对嫉妒者的中伤，常人最容易做出的也是最下策的反应就是反唇相讥。这样，你会因为别人的无聊，自己也变得无聊。甚至有可能陷入一场旷日持久，使心智疲惫又毫无意义的纠葛中。拜伦说过："爱我的我报以叹息，恨我的我置之一笑。"他的这"一笑"，真是洒脱极了，有味极了。对嫉妒者的中伤，最妙的回答是让心灵安详地微笑。


## 孤独

3年前，60岁的露丝失去了丈夫，当时她悲痛欲绝，觉得自己的世界一下子塌了。自那以后，她便陷入了一种孤独与痛苦之中。"我该做些什么呢？"在丈夫离开她近一个月之后的一天晚上，她对朋友哭诉："我将住到何处？我将怎样度过一个人孤独的日子？"

　　朋友安慰她说，她的孤独是因为自己身处不幸的遭遇之中，才60多岁便失去了自己生活的伴侣，自然令人悲痛异常。但时间一久，这些伤痛和孤独便会慢慢减缓消失，她也会开始新的生活——从痛苦的灰烬之中建立起自己新的幸福。

　　"不！"她绝望地说道，"我不相信自己还会有什么幸福的日子。我已不再年轻，孩子也都长大成人，成家立业。我孑然一身还有什么乐趣可言呢？"露丝得了严重的自怜症，而且不知道该如何治疗。好几年过去了，她的心情一直都没有好转。

　　有一次，朋友忍不住对她说："我想，你并不需要特别引起别人的同情或怜悯。无论如何，你可以重新建立自己的新生活，结交新的朋友，培养新的兴趣，千万不要沉溺在旧的回忆里。"她没有把朋友的话听进去，因为她还在为自己的孤独自怨自叹。后来，她觉得孩子们应该为她的幸福负责，因此便搬去与一个结了婚的女儿同住。

　　但事情的结果并不如意，由于她的孤僻，她和女儿都得面临一种痛苦的经历，甚至恶化到母女反目成仇。露丝后来又搬去与儿子同住，但也好不到哪里去。后来，孩子们只好共同买了一间公寓让她独住，但这更加重了她的孤独。

　　她对朋友哭诉道，所有家人都弃她而去，没有人要她这个老妈妈了。露丝的确一直都没有再享有快乐的生活，因为她认为全世界都在孤立她。她实在是既可怜，又可悲，虽然已年过半百了，但情绪还像小孩一样不成熟。

　　每个人都有孤独的时候，这是一种正常的现象，但如果孤独超出了一定的界限，就会造成心理障碍。

要想战胜孤独，保持健康的心理，我们可以采用以下方法：

要战胜自卑。因为总觉得自己跟别人不一样，所以就不敢跟别人接触，这是自卑心理造成的一种孤独状态。这就跟作茧自缚一样，要冲出这层包围着自己的黑暗，必须先咬破自卑心理组成的茧。

要随时跟朋友们保持联系，不应该只是在你感觉到孤独的时候才想起他们。要知道，别人也都跟你一样，要想体会到友谊的温暖，就要为别人做点什么。

适度地离开熙熙攘攘的尘嚣世界，接近大自然，享受大自然带给我们的乐趣，也是排遣孤独的良好方式。只不过忙碌于名利和生计的人们，早已没有闲适的心情去品味自然的美妙之处。

要想从根本上克服内心的脆弱，莫过于给自己确立一些目标，培养某种爱好。一个懂得自己活着是为了什么的人，是不会感到寂寞的；同样，一个活着而有所爱、有所追求的人，也是不怕寂寞的。

## 怨恨

丽华，是某国企中层领导干部，28 岁走到这一步，已经很了不起，家中又有英俊、能干、体贴的丈夫以及漂亮、可爱的女儿，她成为同事、朋友们羡慕的对象。

可谁知，她最近异常憔悴，因为怨恨而痛苦不堪。原来，几天前，她的公公和婆婆对她说了一些不友善的话。丈夫是家中的独生子，而公公、婆婆都是思想非常保守传统的人，3年前儿子结婚时他们就一直盼着儿媳能给他们生个白白胖胖的孙子，以传宗接代，用他们的话说就是"家族香火不能断"。眼巴巴地盼了3年，却事与愿违，两位老人极度失望。虽说孙女极像儿子，非常乖巧，但仍难以消除二老心中的遗憾以及对儿媳的不满。他们知道这是无法补救的事实，但有时仍忍不住会借机对儿媳说些难听的话。丽华怀孕那段时间，公公、婆婆对她都非常好，总是变着花样做好吃的给她，还不让她做任何家务活，总是让儿子陪着儿媳去公园散步。还有两个月才临产，他们就硬让丽华请假在家休养。可是，一旦希望落空，他们便对丽华十分冷淡，甚至都不愿照顾刚出院的丽华。对这些，丽华并不在意，她觉得只要丈夫对自己好就行了，反正自己嫁的是丈夫，而且她还认为时间久了，公公、婆婆还是会重新接纳她以及她的女儿的。

就这样过了半年，女儿长得越发乖巧，但公公、婆婆的态度却没有一点儿改变，他们甚至有些变本加厉了，有时甚至无中生有，还经常在儿子面前说丽华的坏话。丽华产生了强烈的怨恨心理，她说："我再也无法和他们恢复昔日的关系了，往后的日子叫我如何面对？"

认识他们家的人谈及她时都认为她是无辜的受害者，似乎不应该承受那么大的罪过，请她不要太伤心，但她愈想愈激动。她哭着说："总有一天我会想办法报这个仇，让他们也尝尝这种滋味！"她说这话时的脸色十分吓人，眼睛像要喷火一样恐怖，拳头攥得紧紧的，似有深仇大恨一般。

丽华的心从此蒙上了灰色的阴影，离开了快乐和幸福，充斥丽华内心的只有两个字——怨恨。这两个字控制了丽华的思维，占据了丽华的头脑，它就像一把熊熊燃烧的火烤得丽华坐立不安。

在日常生活中，也有不少类似丽华这样的情况。从心理学的角度分析，丽华之所以没有了幸福和快乐，是因为她心中充满了怨恨。这种深深的怨恨蒙蔽了她的双眼，使她无法自拔。

怨恨是一种消极心理，我们要努力克服它，不让其蔓延。具体做法如下：

适当的否认。对痛苦的现实进行适当的否认，这是一种保护性的正常防御，如自我暗示说："我并不是一无是处，我还有我的优点……""我有丈夫的支持，这是最主要的。"

积极的压抑。把妨碍身心健康的痛苦体验或创伤性事件予以选择性遗忘，阻止它们扰乱正常的生活。如：不要老是去想自己如何失败，自己的面子如何，而是想想怎样才能改变现状。

有利的合理化。有两种表现，一是"酸葡萄心理"，即把得不到的东西说成是不好的；另一种是"甜柠檬心理"，即在得不到葡萄而只有柠檬时，就说柠檬是甜的，两者的作用都是掩盖痛苦和失败，以保持内心的安宁。

合理的移植。将指向某一对象的情绪、意图、欲望转移到另一个对象或替代的物体上，借此减轻精神负担，获得心理平衡。不是顺应不良的行为，而是用人们可以接受的方式，如体育活动、文娱活动等积极的行为。

积极认同。从他人身上获取适应生活、工作、学习的有效方法和风格，从而自我安慰、自我解脱、自我调整、自我激励，正确对待自己，对待他人，对待生活。

## 抑郁

卢西出生在一个偏僻的小山村，父母都是目不识丁的老实山里人。她自小勤奋好学，家里人对她寄予了很大的希望，她也想依靠自身的努力使父母过上富足些的日子。所以，她自小就勤奋好学，从小学到高中，到大学，她的成绩在班里一直都名列前茅。但由于一心读书，卢西很少交朋友，根本没有什么知心伙伴，因此，卢西常感到很孤单，很寂寞。尤其是参加工作后，在机关上班，工资较低，仍旧无法接济父母，她心里经常自责。

另一方面，她很难与人相处，总是一人独来独往，虽然心中也很想与人交往，但又不敢，也不知道怎样去结交朋友。4 年前经人介绍和某同事结婚，但两人感情基础不好，常为一些小事吵架。因此，两年来她有一种难以言状的苦闷与忧郁感，但又说不出什么原因，总是感到前途渺茫，对一切都不顺心，老是想哭，但又哭不出来，即使是遇有喜事，卢西也毫无喜悦的心情。过去很有兴趣去看电影，听音乐，但后来就感到索然无味。工作上亦无法振作起来。她深知自己如此长期忧郁愁苦会伤害身体，但又苦于无法解脱，并逐渐导致睡眠不好，多噩梦及胃口不佳。有时她感到很悲观，甚至想一死了之，但对人生又有留恋，觉得死得不值得，因而下不了决心。

抑郁让卢西徘徊在生与死的边缘，久难抉择，卢西的痛苦是每一个抑郁的人都有的体验。

抑郁是一种悲哀、沮丧、郁闷的情绪体验，是一种心理状态，主要表现为情绪低落、表情苦闷、行动迟缓，常感到力不从心、思维迟钝、联想缓慢，因而语言减少、语速缓慢、语音低沉或是整日沉默不语。

在心理问题中，抑郁是最常见的，常被人们戏称为"心理感冒"。

抑郁是人类第一号心理杀手，我们要摆脱它的束缚。具体方法如下：

为自己制订简单的任务。即使是你自己觉得没有兴趣和缺乏动机，每天也要完成一些简单的任务，如打个电话或者是写封信。虽然你可能觉得这样做很难，但是请把它看作是良好感觉的一个开端。

把自己的活动写到日记中。每一天结束后，把自己一天所做的事情记录下来。按照这些活动带给你的快乐程度把它们排列出来，并且有意识地计划做更多自己喜欢的事情。

克服消极思想。把自己的消极思想记下来，如"我是个失败者"或者是"没有人喜欢我"。认识这些反常思想，并理智地克服它们。

与他人交谈。信任自己的密友和家人，把自己的感受告诉他们。保持沟通。

进行更多的运动。有意识地多做一些身体方面的锻炼，即使仅仅是散步或者是游泳之类的锻炼。在锻炼的过程中，体内会产生自然的抗抑郁激素。养花、种草和阅读一类的活动也有助于分散你的消极思想。

检验自己的目标。不要去想自己的生活应该往哪个方向走。应该考虑你是否在做自己真正想做或者是倾向于去做的事情。

## 羞怯

要摆脱羞怯心理，我们可以从以下几个方面做起：

1. 做一些克服羞怯的运动

例如：将两脚平稳地站立，然后轻轻地把脚跟提起，坚持几秒钟后放下，每次反复做30下，每天这样做两三次，可以消除心神不定的感觉。强迫自己做数次深长而有节奏的呼吸，这可以使一个人的紧张情绪得以缓解，为树立自信心打下基础。

2. 改变你的身体语言

最简单的改变方法就是SOFTEN——柔和身体语言，它往往能收到立竿见影的效果。所谓"SOFTEN"，S代表微笑；O代表开放的姿势，即腿和手臂不要紧抱；F表示身体稍向前倾；T表示身体友好地与别人接触，如握手等；E表示眼睛和别人正面对视；N表示点头，显示你在倾听并理解对方说的话。

3. 主动把你的不安告诉别人

诉说是一种释放，能让当事人舒服一些，如果同时能获得他人的劝慰和帮助，当事人的信心和勇气也会随之大增。

4. 循序渐进，一步步改变

专家告诉我们，克服害羞是一项工程，也是一场我们一定能够打赢的战斗，每一个胜利都是真实可见的，只要我们去做。

5. 学会调侃

首先得培养乐观、开朗、合群的性格，注重语言技术训练和口头表达能力，还要去关注社会、洞察人生，做生活的有心人。"调侃"，对于害羞的人而言，是一味效果很不错的药剂。服了它，你的一句话可能就会让生活充满情趣，让你自己也充满自信。

6. 讲究谈话的技巧

在连续讲话中不要担心中间会有停顿，因为停顿一会儿是谈话中的正常现象。在谈话中，当你感觉脸红时，不要试图用某种动作掩饰它，这样反而会使你的脸更红，进一步增加你的羞怯心理。要知道羞怯并不等于失败，这只是由于精神紧张，并非是不能应付社交活动。

7. 学会克制自己的忧虑情绪

凡事尽可能往好的方面想，多看积极的一面。平时注意培养自己的良好情绪和情感，相信大多数人是以信任和诚恳的态度来对待自己的，不要把自己置于不信任和不真诚的假定环境中，那样，你对别人就总怀有某种戒备心理，自己偶有闪失，或者并无闪失，也生怕别人看破似的，这样自己就会惶惶然，以致加重羞怯心理。

## 挫折

如果一个人在 46 岁的时候，因意外事故被烧得不成人形，4 年后又在一次坠机事故后腰部以下全部瘫痪，他会怎么办?

再后来，你能想象他变成了百万富翁、受人爱戴的公共演说家、扬扬得意的新郎及成功的企业家吗？你能想象他去泛舟、玩跳伞，在政坛角逐一席之地吗？米契尔全做到了。

在经历了第一次可怕的意外事故后，米契尔的脸因植皮而变成一块"彩色板"，手指没有了，双腿细小，无法行动，只能瘫痪在轮椅上。意外事故把他身上65%以上的皮肤都烧坏了，为此他动了16次手术。手术后，他无法拿起叉子，无法拨电话，也无法一个人上厕所，但以前曾是海军陆战队员的米契尔从不认为自己被打败了。他说："我完全可以掌握自己的人生之船，我可以选择把目前的状况看成倒退或是一个起点。"

6个月之后，米契尔又能开飞机了。他为自己在科罗拉多州买了一幢维多利亚式的房子，另外也买了一架飞机及一家酒吧。后来他和两个朋友合资开了一家公司，专门生产以木材为燃料的炉子，这家公司后来变成佛蒙特州第二大私人公司。第一次意外发生4年后，米契尔所开的飞机在起飞时摔回跑道，把他胸部的12块脊椎骨全压得粉碎，腰部以下永远瘫痪。"我不解的是为何这些事老是发生在我身上，我到底是造了什么孽？要遭到这样的报应？"米契尔仍不屈不挠，日夜努力使自己能达到最高限度的独立，他被选为科罗拉多州孤峰顶镇的镇长。后来竞选国会议员时，他用一句"不只是另一张小白脸"的口号，将自己难看的脸转化成一项有利的资产。而且，尽管面貌骇人、行动不便，但他仍然勇敢地坠入爱河，并完成了终身大事，也拿到了公共行政硕士学位，并持续着他的飞行活动、环保运动及公共演说。

米契尔说："我瘫痪之前可以做1万件事，现在我只能做

9000 件，我可以把注意力放在我无法再做好的 1000 件事上，或是把目光放在我还能做的 9000 件事上。告诉大家，我的人生曾遭受过两次重大的挫折，如果我能选择不把挫折拿来当成放弃努力的借口，那么，或许你们可以用一个新的角度来看待一些一直让你们裹足不前的经历。你可以退一步，想开一点，然后你就有机会说：'或许那也没什么大不了的。'"

故事中主人公一生不断遭遇挫折，但是他都没有被挫折心理打倒，而是勇敢地站了起来。

挫折心理是指人们在有意识的活动中，受到了无法克服的阻碍或干扰，其需要或动机不能满足所产生的一种紧张心理和消极反应。一般说来，挫折产生的外部原因是非人为的环境因素，内部原因是指个人心理因素等带来的阻碍和限制，成为挫折的来源。

挫折对于一个生活的强者来说，无异于一剂催人奋进的兴奋剂，可以提高他的认识水平，增强他的承受力，激发他的活力；挫折对一个弱者来说，则可以减弱他的成就动机水平，降低他的创造性思维活动水平，减弱自我控制力，发生行为偏差。

受挫后的心理失衡不仅影响人的工作、生活，还严重影响人的健康。长久的心理失衡不仅会引起各种疾病，甚至能使人丧生。为了避免受挫后消极心理的产生，提供如下几种调节方法。

1. 倾诉法

将自己的心理痛苦向他人诉说。受挫后如果把失望焦虑的情绪封锁在心里，会凝聚成一种失控力，它可能摧毁机体的正常机能，导致体内毒素滋生。适度倾诉，可以将失控力随着心中的痛苦逐步转化出去。

### 2.优势比较

受挫后有时难以找到适当的倾诉对象，便需要自己设法平衡心理。优势比较法要求去想那些比自己受挫更大、困难更多、处境更差的人。通过挫折程度比较，将自己的失控情绪逐步转化为平心静气。另外，寻找分析自己没有受挫感的方面，即找出自己的优势点，强化优势感，从而增强挫折承受力。

### 3.重树目标

挫折干扰了自己原有的生活，打破了自己原有的目标，需要重新寻找一个方向，确立一个新的目标，这就是目标法。目标的确立需要分析思考，这是一个将消极心理转向理智思索的过程。目标一旦确立，犹如心中点亮了一盏明灯，人就会生出调节和支配自己新行动的信念和意志力，去努力进行达到目标的行动。目标法既可以抑制和阻止人们不符合目标的心理和行动，又可以激发和推动人们去从事达到目标所必需的行动，从而使人们鼓起战胜困难的勇气。

## 完美主义

在远方的城市里，来了一个老人。这老人一看便知是来自远地的旅人，他背着一个破旧不堪的包袱，他的脸上布满了风霜，他的鞋子因为长期的行走破了好几个洞。

老人的外表虽然狼狈，却有着一双炯炯有神的眼睛。不论是行走或躺卧，他总是仔细而专注地观察着来来往往的人。

老人的外貌与双眼组合成了一个极不统一的画面，吸引了所有人的目光，人们窃窃私语：这不是普通的旅人，他一定是一个特殊的寻找者。

　　但是，老人到底在寻找什么呢？

　　一些好奇的年轻人忍不住问他："您究竟在寻找什么呢？"

　　老人说："我像你们这个年纪的时候，就发誓要寻找到一个完美的女人，娶她为妻。于是我从自己的家乡开始寻找，一个城市又一个城市，一个村落又一个村落，但直到现在都没有找到一个完美的女人。"

　　"您找了多长时间呢？"一个年轻人问道。

　　"找了60多年了。"老人说。

　　"难道60多年来都没有找到过完美的女人吗？会不会这个世界上根本就没有完美的女人呢？那您不是找到死也找不到吗？"

　　"有的！这个世界上真的有完美的女人，我在30年前曾经找到过。"老人斩钉截铁地说。

　　"那么，您为什么不娶她为妻呢？"

　　"在30年前的一个清晨，我真的遇到了一个最完美的女人，她的身上散发着非凡的光彩，就好像仙女下凡一般，她温柔而善解人意，她细腻而体贴，她善良而纯净，她天真而庄严，她……"

　　老人边说边陷入深深的回忆里。

　　年轻人更着急了："那么，您为何不娶她为妻呢？"

　　老人忧伤地流下眼泪，说："我立刻就向她求婚了，但是她不肯嫁给我。"

"为什么？为什么？"

"因为，因为她也在寻找这个世界上最完美的男人！"

生活中，很多人和故事中的主人公一样，追求完美的伴侣、工作、生活……追求完美并不是缺点，只不过期待和现实难免有落差，一般人可能会退而求其次，或者修正自己的期望，完美主义者则缺乏这样的弹性，他们不是落入"明知不可为而为之"的困境，就是逃避现实，独自躲在梦想的框框内。

过度追求完美无疑是自寻烦恼，所以我们要尽快摆脱这种心理的困扰。这就需要我们：

1. 正确评估自己的潜能

对自己既不要估得太高，也不必过于自卑。有一分热发一分光。你如果事事要求完美，这种心理本身就成为你做事的障碍。不要用自己的短处去与别人的长处相比，而是要发挥自己的长处。

2. 重新认识"失败"和"瑕疵"

一次乃至多次的失败并不能说明一个人价值的大小。仔细想一下，如果从不经历失败，我们能真正认识生活的真谛吗？我们也许一无所知，沾沾自喜于愚蠢的无知中。因为成功仅仅只能坚定期望的信念，而失败则给了我们独一无二的宝贵经验。

人只有经受了失败的考验才能达到成功的巅峰，亡羊补牢，犹未晚也。更不必为了一件事未做到尽善尽美的程度而自怨自艾。没有"瑕疵"的事物是不存在的，盲目地追求一个虚幻的境界只能是劳而无功。我们不妨问一问："我们真的能做到尽善尽美吗？"既然不能，我们就应该尽快放弃这种想法。

3. 为自己确定一个短期的目标

目标切合实际会为你提供一个新的起点，能使你循序渐进地摘取事业上的桂冠。同时，你的生活也会因此而丰富起来，变得富有色彩、充满人情味，并不像你原来所想的那样暗淡。


## 定式错位

定式又叫作心向，即由一定的心理活动所形成的准备状态，影响或决定同类后继心理活动的现象，也就是人们按照一种固定的倾向去反映现实，从而表现出心理活动的趋向性、专注性。

定式存在于各种心理活动之中，社会的定式能反映出心理活动的稳定性和前后一致性。例如人们可以根据以往生活的经验定式，较好地进行常规的工作与学习。但是有些人却在社会中表现出另外一种心向，即对已经是很熟悉的情况或人反而变得很不熟悉了，这种情况叫作"定式错位"。

定式错位的危害极大，对个人而言，可能会导致信念丧失、心灵空虚、斤斤计较、算计他人、不思进取，甚至走上违法犯罪的道路；就人际关系而言，会导致人际间的不信任、摩擦与冲突，酿成家庭、邻里及同事间的感情悲剧；从社会来看，它与社会风气的败坏、社会公德的衰退紧密相关。因此，我们必须纠正错位的定式，以一种健康的心态与行为去工作、学习与生活。

关于定式错位的自我调适，我们可以尝试做到以下几点：

1. 要定位于确立的人生观、价值观

观念的确定要加强学习，从圣人先哲的著作中去领悟做人的道理，从社会楷模的言行中去学习做人的道理。同时要善于思考，思考能帮助你透过现象看到本质，把握社会发展主旋律，使你能站在较高的角度看待人生与社会，以正确的逻辑推理在变幻莫测的社会事物中做出正确的选择。

2. 要加强个人的品德修养

要"一日三省吾身"，有"慎独"的人格，绝不"跟着感觉走"。有社会责任感，努力去履行自己的道德义务。

3. 对已有的错位定式可以采取系统脱敏法去纠正

即从纠正最小的错误做起。例如有不相信他人的错误定式，可以考虑从以下顺序来纠正：相信自己→相信家人→相信朋友→相信同事→相信上级→相信路人。由易到难，循序渐进地进行纠正。

## 优柔寡断

韩信率兵讨伐时，斩了齐王田广，占领了齐国，不仅扩大了疆域，也壮大了自己的势力。这时，他已有数十万大军，成为举足轻重的人物。当时楚汉相争的形势是，韩信叛刘归项则刘灭，向刘背项则项亡。如果韩信自树一帜就会形成三足鼎立之势。

在刘邦与项羽相争的最激烈时期，诸侯各据一方，或叛项归刘，或背刘降项，或自立为王，群雄逐鹿，各显其能。在风云变幻的楚汉相争中，英雄辈出，居然有一个不起眼的小人物——蒯通。

他把当时天下的形势看得极为透彻。他深知"天下权在信"。

于是拜见韩信，从当时的形势，韩信所处的环境与他的实力，以及他将来得天下的利益等诸方面苦口婆心地规劝他造反自立。

但韩信考虑再三后说："先生言之有理，容我权衡一下，再做决定。"蒯通见韩信已被自己说服，便告辞了。

蒯通本以为韩信是个胸怀大志的人，将来一定能做出经天纬地的大事业，可他等了数日，却不见韩信有所举动，便又找韩信，说："希望将军快做决定，机不可失，失不再来。"韩信当即回答说："先生请不要再费心了。我考虑再三，自从归汉后，刘邦肯把将军大印交给我，统领数万大军，现在又封我为齐王，如果忘恩负义，必遭报应。况且我擒魏豹、平赵、定燕、灭齐，立下战功累累，又一向以忠信对待他。我想汉王不会亏待我的。"

蒯通听后，对韩信的性格有了了解，认为自己再劝也是徒劳，于是装疯卖傻逃离了汉营。

当时，韩信正处于楚、汉相争的乱世，为他自树一帜，提供了极好的契机；他本人智勇超常，手握重兵数十万，又雄踞齐地，有能力、有把握自立为王；还有蒯通为他出谋划策，可以说这是一位不可多得的谋士，可以说，天时、地利、人和都具备，而他仍然优柔寡断、胆小怯懦。正如韩信自己所说："我若负德，必至不祥。"后来的事实证明，他的命运果然"不祥"，但绝不是因"负德"，而是由于他优柔、怯弱的性格所致，岂不是咎由自取？

一个人要想摆脱优柔寡断，保持果断的性格，可以从以下几点做起：

1. 强化自我意识

遇事要沉着冷静，自己开动脑筋，排除外界的干扰或暗示，学会自主决断。要彻底摆脱那种依赖别人的心理，克服自卑、培养自信心和独立性。

2. 强化实践锻炼

一方面要加强学习、积累知识、开阔视野，用知识来武装和充实自己，提高自己分析问题和解决问题的水平，并通过学习别人的经验来扩展自己决断事情的能力；另一方面，要积极投身到部队生活实践中去，刻苦锻炼，不断丰富经验，增强自己的适应能力。

3. 强化意志力量

要培养自己性格中意志独立性的良好品质。对自己奋斗的目标要有高度的自觉。只要你经过自己的实践认准的事，就应义无反顾地走下去，想方设法达到预期目的。不必追求任何事情都做得十全十美，不必苛求自己没有一点失败，不必过多地注意别人怎样议论你。

4. 调整好需要结构

当需要不能同时兼顾时，抑制一些不可能实现的需要。如古人所云："鱼我所欲也，熊掌亦我所欲也，两者不能兼得，舍鱼而取熊掌也。"

5. 强化积极思维

俗话说："凡事预则立，不预则废。"平时注意经常思考问题，增强预见性，关键时刻才能及时、果断、准确地做出选择。

# 图书在版编目（CIP）数据

怪诞心理学 / 桑楚主编. — 北京：中国华侨出版社, 2018.3（2018.9重印）
ISBN 978-7-5113-7517-9

Ⅰ.①怪… Ⅱ.①桑… Ⅲ.①心理学—通俗读物 Ⅳ.①B84-49

中国版本图书馆CIP数据核字(2018)第029282号

**怪诞心理学**

主　　编：桑　楚
责任编辑：王　委
封面设计：冬　凡
文字编辑：聂尊阳
美术编辑：李思雨
经　　销：新华书店
开　　本：880mm×1230mm　1/32　印张：8.5　字数：183千字
印　　刷：三河市京兰印务有限公司
版　　次：2018年5月第1版　2021年11月第6次印刷
书　　号：ISBN 978-7-5113-7517-9
定　　价：36.00元

中国华侨出版社　北京市朝阳区西坝河东里77号楼底商5号　邮编：100028
发 行 部：（010）88893001　　　传　真：（010）62707370
网　　址：www.oveaschin.com　　E-mail：oveaschin@sina.com

如果发现印装质量问题，影响阅读，请与印刷厂联系调换。